应用型人才培养产教融合创新教材

装配式建筑混凝土构件生产与制作

陈楚晓　万红霞　曹 宽　主编

ZHUANGPEISHI JIANZHU
HUNNINGTU GOUJIAN
SHENGCHAN YU ZHIZUO

U0359773

化学工业出版社

·北京·

内 容 简 介

《装配式建筑混凝土构件生产与制作》紧密结合我国建筑工业化发展现状，以国家颁布的最新规范、标准为依据进行编写，系统地介绍了装配式建筑混凝土构件的生产与制作过程。本书主要内容包括概论、模具准备与安装、钢筋绑扎与预埋件预埋、预制混凝土构件浇筑、预制混凝土构件养护及脱模、预制混凝土构件存放及防护、预制混凝土构件生产检验，覆盖装配式建筑混凝土构件生产与制作全过程，注重将学生所学知识、技能应用到实践中。

本书可供职业院校与应用型本科学校建筑工程技术、工程造价、建设工程管理及土建类相关专业学生学习使用，也可以作为建设单位、施工单位、培训机构及土建类工程技术人员学习的参考资料。

图书在版编目（CIP）数据

装配式建筑混凝土构件生产与制作 / 陈楚晓，万红霞，曹宽主编 . —北京：化学工业出版社，2022.9
　ISBN 978-7-122-41495-3

Ⅰ.①装… Ⅱ.①陈… ②万… ③曹… Ⅲ.①装配式混凝土结构-装配式构件-高等职业教育-教材 Ⅳ.①TU37

中国版本图书馆CIP数据核字（2022）第084624号

责任编辑：邢启壮　李仙华　　　　　　　　装帧设计：史利平
责任校对：赵懿桐

出版发行：化学工业出版社（北京市东城区青年湖南街 13 号　邮政编码 100011）
印　　装：大厂聚鑫印刷有限责任公司
787mm×1092mm　1/16　印张 10　字数 228 千字　　2022 年 8 月北京第 1 版第 1 次印刷

购书咨询：010-64518888　　　　　　　　　售后服务：010-64518899
网　　址：http://www.cip.com.cn
凡购买本书，如有缺损质量问题，本社销售中心负责调换。

定　　价：39.00元

本书编写人员名单

主　编　陈楚晓（河北工业职业技术大学）
　　　　　万红霞（定州市职业技术教育中心）
　　　　　曹　宽（河北工业职业技术大学）

副 主 编　成红芝（定州市职业技术教育中心）
　　　　　肖　帅（河北建工建筑装配股份有限公司）
　　　　　刘　星（河北工业职业技术大学）
　　　　　尹素花（河北工业职业技术大学）

参　编　陈秋强（定州市职业技术教育中心）
　　　　　郝京华（廊坊市生态环境局）
　　　　　孟　娜（河北城乡建设学校）
　　　　　韩宏彦（河北工业职业技术大学）
　　　　　范泠荷（河北工业职业技术大学）
　　　　　张瑶瑶（河北工业职业技术大学）
　　　　　马贺蒙（河北石油职业技术大学）
　　　　　何西然（定州市职业技术教育中心）
　　　　　任改会（定州市祥美建筑工程有限公司）

主　审　郝永池（河北工业职业技术大学）

序

国务院印发的《国家职业教育改革实施方案》中指出："建设一大批校企'双元'合作开发的国家规划教材，倡导使用新型活页式、工作手册式教材并配套开发信息化资源。每3年修订1次教材，其中专业教材随信息技术发展和产业升级情况及时动态更新。适应'互联网＋职业教育'发展需求，运用现代信息技术改进教学方式方法，推进虚拟工厂等网络学习空间建设和普遍应用。"河北工业职业技术大学为落实方案精神，并推动"中国特色高水平高职学校和专业建设计划""双高"项目建设，联合河北建工集团、广联达科技股份有限公司等业内知名企业共同开发了基于"工学结合"，服务于建筑业产业升级的系列产教融合创新教材。

该丛书的编者多年从事建筑类专业的教学研究和实践工作，重视培养学生的实践技能。他们在总结现有文献的基础上，坚持"立德树人、德技并修、理论够用、应用为主"的原则，基于"岗课赛证"综合育人机制，对接"1+X"职业技能等级证书内容和国家注册建造师、注册监理工程师、注册造价工程师、建筑室内设计师等职业资格考试内容，按照生产实际和岗位需求设计开发教材，并将建筑业向数字化设计、工厂化制造、智能化管理转型升级过程中的新技术、新工艺、新理念等纳入教材内容。书中二维码嵌入了大量的数字资源，融入了教育信息化和建筑信息化技术，包含了最新的建筑业规范、规程、图集、标准等文件，丰富的施工现场图片，虚拟仿真模型，教师微课知识讲解、软件操作、施工现场施工工艺模拟等视频音频文件，以大量的实际案例启发学生举一反三、触类旁通，同时随着国家政策调整和新规范的出台实时进行调整与更新。不仅为初学人员的业务实践提供了参考依据，也为建筑业从业人员学习建筑业新技术、新工艺提供了良好的平台。因此，本丛书既可作为职业院校和应用型本科院校建筑类专业学生用书，也可作为工程技术人员的参考资料或一线技术工人上岗培训的教材。

"十四五"时期，面对高质量发展新形势、新使命、新要求，建筑业从要素驱动、投资驱动转向创新驱动，以质量、安全、环保、效率为核心，向绿色化、工业化、智能化的新型建造方式转变，实现全过程、全要素、全参与方的升级，这就需要我们建筑专业人员更好地去探索和研究。

衷心希望各位专家和同行在阅读此丛书时提出宝贵的意见和建议，在全面建设社会主义现代化国家新征程中，共同将建筑行业发展推向新高，为实现建筑业产业转型升级做出贡献。

全国工程勘察设计大师

2021年12月

随着我国建筑行业发展形势的转变，在以智能建造、新型建筑工业化为特征的建筑业发展背景下，全面发展装配式建筑将成为建筑产业的重中之重。国务院办公厅印发《关于促进建筑业持续健康发展的意见》（国办发〔2017〕19号）要求，通过"标准化设计、工厂化制造、集成化生产、装配化施工、一体化装修、信息化管理"实现建筑业高质量发展。装配式建筑以精益高效的工业化生产手段代替手工作业，大幅度提升劳动生产效率；通过标准化、数字化、智能化建设，实现我国建筑业高质量发展；大力发展绿色建筑和建筑节能，推进城市建设绿色健康发展。

产业发展，人才先行。随着新一轮科技革命、产业升级的不断加快，新时代赋予职业教育更好地服务建设现代化经济体系和实现更高质量、更充分就业需要的新使命。2019年国务院印发的《国家职业教育改革实施方案》明确提出，"深化复合型技术技能人才培养培训模式改革，借鉴国际职业教育普遍做法，制定工作方案和具体管理办法，启动'1+X'证书制度试点工作"。"1+X"证书制度体现了职业教育作为一种类型教育的重要特征，是落实立德树人根本任务、完善职业教育和培训体系、深化产教融合校企合作的一项重要制度。

2020年，住房和城乡建设部、教育部、科技部、工业和信息化部等九部门联合印发了《关于加快新型建筑工业化发展的若干意见》，意见提出：要大力发展钢结构建筑、推广装配式混凝土建筑，培养新型建筑工业化专业人才，壮大设计、生产、施工、管理等方面人才队伍，加强新型建筑工业化专业技术人员继续教育；培育技能型产业工人，深化建筑用工制度改革，完善建筑业从业人员技能水平评价体系，促进学历证书与职业技能等级证书融通衔接；打通建筑工人职业化发展道路，弘扬工匠精神，加强职业技能培训，大力培育产业工人队伍；全面贯彻新发展理念，推动城乡建设绿色发展和高质量发展，以新型建筑工业化带动建筑业全面转型升级，打造具有国际竞争力的"中国建造"品牌。为适应职业教育与行业发展新要求，深化校企合作协同育人，推进产学研用深度融合，本书编写组深入装配式混凝土构件生产企业一线，共同研讨、创新、建立以行业需求为导向、培养符合新型建筑工业化领域发展趋势的人才培养模式。

本书根据社会发展、行业特点以及高职高专院校土建类专业人才培养目标，将科技发展、行业发展、岗位要求与人才培养模式相衔接，结合装配式建筑混凝土构件生产职业技能证书内容，嵌入任务化教学模块，理论联系实际，添加二维码拓展学习资源，创新培养模式与评价模式，同时强化思政融入，以加强人才供给侧结构性改革，实现人才培养与产业需求的吻合，深入贯彻"1+X"证书制度，培养德智体美劳全面发展、面向未来的社会主义建设者和接班人。

本书由河北工业职业技术大学陈楚晓、定州市职业技术教育中心万红霞、河北工业职业技术大学曹宽主编；定州市职业技术教育中心成红芝、河北建工建筑装配股份有限公司肖帅、河北工业职业技术大学刘星、河北工业职业技术大学尹素花副主编；定州市职业技术教育中心陈秋强，廊坊市生态环境局郝京华，河北城乡建设学校孟娜，河北工业职业技术大学韩宏彦、范泠荷、张瑶瑶，河北石油职业技术大学马贺蒙，定州市职业技术教育中心何西然，定州市祥美建筑工程有限公司任改会参编；河北工业职业技术大学郝永池主审。

本书提供有配套的电子资源，读者可从化工教育平台（www.cipedu.com.cn）下载。

本书在编写过程中参考了国内外同类书籍与教材，在此深表感谢！由于编者水平有限，书中如有不足之处，欢迎专家、读者通过邮箱（chuxiao9420@163.com）与我们联系，帮助我们提高。

编者

2022 年 6 月

目 录

项目六　预制混凝土构件生产检验　　125

二维码资源目录

概论

知识目标

1. 了解装配式建筑、装配式混凝土建筑的概念；
2. 熟悉装配式混凝土构件厂的规划原则、生产线、生产工艺的布置；
3. 熟悉预制混凝土剪力墙、叠合楼板、楼梯的生产流程。

技能目标

1. 正确地阐述装配式建筑；
2. 掌握预制混凝土剪力墙、叠合楼板、楼梯生产的生产工艺以及流程。

素质目标

1. 培养学生具有主动参与、积极进取、崇尚科学、探究科学的学习态度和思想意识；
2. 培养学生对新材料、新工艺、新技术探索的兴趣和研究方法；
3. 养成理论联系实际、科学严谨、认真细致、实事求是的科学态度和职业道德。

任务一 熟悉装配式建筑

装配式建筑（assembled building）是由预制部品部件在工地装配而成的建筑。简单来说，就是把传统建造方式中的大量现场现浇作业工作转移到工厂进行，在工厂中加工制作好建筑用构件和配件（如楼板、墙板、楼梯、阳台等），运输到建筑施工现场，通过可靠的连接方式在现场装配安装而成。装配式建筑包括装配整体式剪力墙结构、装配整体式框架结构、装配式钢框架结构。

装配式建筑具有标准化设计、工厂化生产、装配化施工、一体化装修、信息化管理、智能化应用的特征，与传统技术相比，可提高技术水平和工程质量，促进建筑产业转型升级。装配式建筑项目流程一般为：方案设计→全专业协同设计→深化设计→工厂生产→装配化施工，见图0-1。

装配式混凝土建筑是工厂生产的主要预制钢筋混凝土构件，通过现场装配的方式组装完成的建筑。预制混凝土构件是指在工厂或现场预先生产制作的混凝土构件，简称预制构件。

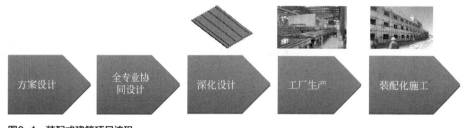

图0-1　装配式建筑项目流程

一、装配式建筑发展状况

二维码1　初识装配式
混凝土建筑

推广装配式建筑、推动建筑产业现代化发展，是践行绿色可持续发展理念、实现建筑业转型升级高质量发展的重要抓手。2016年中共中央国务院发布的《关于进一步加强城市规划建设管理工作的若干意见》提出：大力推广装配式建筑，减少建筑垃圾和扬尘污染，缩短建造工期，提升工程质量；制定装配式建筑设计、施工和验收规范；完善部品部件标准，实现建筑部品部件工厂化生产；鼓励建筑企业装配式施工，现场装配；建设国家级装配式建筑生产基地；加大政策支持力度，力争用十年左右时间，使装配式建筑占新建建筑的比例达到30%。

2016年国务院办公厅发布的《关于大力发展装配式建筑的指导意见》（国办发〔2016〕71号）提出，牢固树立和贯彻落实创新、协调、绿色、开放、共享的发展理念，按照适用、经济、安全、绿色、美观的要求，推动建造方式创新，大力发展装配式混凝土建筑和钢结构建筑，在具备条件的地方倡导发展现代木结构建筑，不断提高装配式建筑在新建建筑中的比例。

住房和城乡建设部为切实落实《国务院办公厅关于大力发展装配式建筑的指导意见》《国务院办公厅关于促进建筑业持续健康发展的意见》，全面推进装配式建筑发展，制定了《"十三五"装配式建筑行动方案》《装配式建筑示范城市管理办法》《装配式建筑产业基地管理办法》。2020年，住房和城乡建设部、教育部、科技部、工业和信息化部等九部门联合印发《关于加快新型建筑工业化发展的若干意见》。

在示范的带动下，装配式建筑形成了在全国推广的局面。据住建部数据显示，2016～2020年我国新建装配式建筑面积逐年大幅增长。2020年全国新开工装配式建筑面积为6.3亿平方米，同比增长50%，占新建建筑面积的比例约为20.5%，同比增长7个百分点，超额完成《"十三五"装配式建筑行动方案》中提出的"到2020年，全国装配式建筑占新建建筑的比例达到15%以上，其中重点推进地区达到20%以上，积极推进地区达到15%以上，鼓励推进地区达到10%以上"的目标。

到2020年，培育不少于50个装配式建筑示范城市，不少于200个装配式建筑产业基地，不少于500个装配式建筑示范工程，建设不少于30个装配式建筑科技创新基地，充分发挥示范引领和带动作用。到2025年，我国装配式建筑占新建建筑的比例达到30%以上，其中重点推进地区装配式建筑占新建建筑面积的比例达到40%以上，积极推进地区达到 30% 以上，鼓励推进地区达到 20% 以上。

随着建筑行业的蓬勃发展，国家政策、法律法规多次提出发展装配式建筑的目标和要求，为装配式建筑的发展规划注入了支撑力量。政策导向极大地激发了研发装配式建筑的热情和信心，一大批的科研成果和行业标准规范出现，也促进了装配式建筑的市场推广和应用。目前，我国装配式建筑行业开始克服种种困难，突破重重技术难关，迈向高质量、高标准的工厂化生产和智能化应用阶段。

装配式建筑工程技术已成普遍共识，以装配式建筑为载体，协同推进智能建造与新型建筑工业化，促进建筑产业转型升级和高质量发展，必将带动整个建筑行业的高标准、高水平建设。

二、装配式建筑未来发展趋势

1. 信息化、智能化水平提高

信息化建设水平，关系到装配式建筑从设计、生产、施工和维护各个环节，信息化程度的高低甚至可以决定工程的工期和质量。2016 年，住建部印发的《2016—2020 年建筑业信息化发展纲要》也为装配式建筑的信息化发展指明了方向，强调加快建筑行业信息化建设，推动工业化和信息化协同融合发展。只有充分运用现代信息化技术，完善信息化管理体系，提高信息化建设与建筑产业的融合水平，才能推动装配式建筑迈向现代化、高水平、高质量建设的新台阶。

2. 高质量工程建造

装配式建筑工程项目涉及工程的设计、施工、质量、进度和验收等众多环节。在装配式建筑现场施工环节，要对构件的定位、安装的精度进行记录和测量，特别是连接点的施工工艺要严格按安装标准进行。施工完成后，再进行质量验收，做到层层把关、严谨务实，完善工程项目管理体系。

3. 绿色低碳、节能高效发展

装配式建筑从生产到施工具有很大的灵活性，受天气、时间、场地等限制较小，大大降低了对环境的污染，提高了工作效率。装配式建筑充分发展利用，改善了人居环境，减少了资源消耗，加大了技术研发力度，走出现有的建筑行业发展的困境，开辟新的建筑发展路径，推进建筑业向绿色可持续方向升级，实现对资源节约和环境友好的达成。

三、装配式混凝土建筑优势

1. 建筑质量提升

通过标准化设计、工程化生产、装配化施工、信息化管理，减少了传统施工中大量的现场湿作业，能有效地减少开裂、渗漏、空鼓、构件及房间尺寸偏差、管线质量问题以及消防安全隐患等质量通病，提高房屋质量，使构件和施工的质量得到了保障。

二维码2　装配式建筑未来发展趋势

2. 工程施工效率提高

与传统的建筑建造方式相比，装配式混凝土建筑构件在工厂生产时，采用机械化的吊装，与现场各专业施工同步进行，大大缩短了工期。因大部分构件在工厂预制，工期短，受天气影响因素较小，冬期也可进行施工。

3. 绿色节能环保

构件采用工厂化生产，将大量的室外作业转移到了工厂里，减少了材料的消耗浪费，减少了建筑垃圾和扬尘污染，降低了成本，改善了工人的工作环境。

4. 生产方式与管理方式转变

装配式混凝土建筑工厂预制构件，现场装配施工，机械化程度高，减少了人工数量，加大了对从业人员的技术和管理要求。

四、装配式混凝土建筑不足

1. 建设成本相对偏高

我国装配式建筑行业目前仍处于推广阶段，受技术、经济、规模等方面因素的限制，装配式混凝土建筑造价普遍偏高。

2. 抗震整体性较差

我国处于地震多发区，对建筑结构的抗震性能要求高，装配式建筑构件具有工厂预制、现场拼装的特点，这影响着结构的整体性能和抗震性能，所以装配式构件连接节点设计和施工质量非常重要。

3. 个性化缺失

因工业化预制建造技术中的建筑设备、管道、电气安装、预埋件都必须事先设计完成，并在工厂里安装在混凝土构件里，只适合大量重复建造的标准单元。所以标准化的构件生产导致个性化设计降低，不规则建筑较难实现，并且后期改造困难。

任务二　熟悉装配式混凝土构件厂

一、装配式混凝土构件厂规划

装配式混凝土构件也称为预制构件。预制构件的生产制作在预制构件厂完成，厂区总设计在满足先进生产工艺流程和最佳物流路线的前提下，充分利用现有厂房及设备，结合场地特点，做到功能分区明晰、总体布局合理、生产管理方便，并符合国家和当地政府有关城市规划、环境保护、安全卫生、消防、节能、绿化等方面的规范和要求。

1. 厂址选择

① 厂址选择应综合考虑工厂的服务区域、地理位置、水文地质、气象条件、交通条件、

土地利用现状、基础设施状况、运输距离、企业协作条件及公众意见等因素，经多方案比选后确定。

② 应有满足生产所需的原材料、燃料来源。

③ 应有满足生产所需的水源和电源。与厂址之间的管线连接应尽量短。

④ 应有便利和经济的交通运输条件，与厂外公路的连接应便捷。临近江、河、湖、海的厂址，通航条件满足运输要求时，应尽量利用水运，且厂址宜靠近适合建设码头的地段。

⑤ 桥涵、隧道、车辆、码头等外部运输条件及运输方式，应符合运输大件或超大件设备的要求。

⑥ 厂址应远离居住区、学校、医院、风景游览区和自然保护区等，并符合相关文件及技术要求，且应位于全年最大频率风向的下风侧。

⑦ 工厂不应建在受洪水、潮水或内涝威胁的地区。

2. 总平面设计

总平面布置要做到布局合理、物流线路畅通、经济，尽量减少物流输送交叉作业。以生产集中专业化、资源共享最大化、公共服务统一化、营销集约化、组织管理扁平化为目标，强调合理、实用。

① 工厂的总平面设计应根据厂址所在地区的自然条件，结合生产、运输、环境保护、职业卫生与劳动安全、职工生活，以及电力、通信、热力、给排水、防洪和排涝等设施，经多方案综合比较后确定。

② 在符合生产流程、操作要求和使用功能的前提下，建筑物、构筑物等设施应采用联合、集中、多层布置；应按工厂生产规模和功能分区，合理地确定通道宽度；厂区功能分区及建筑物、构筑物的外形宜规整。

③ 生产主要功能区域包括原材料储存、混凝土配料及搅拌、钢筋加工、构件生产、构件堆放和试验检测等。在总平面设计上，应做到合理衔接并符合生产流程要求。

④ 应以构件生产车间等主要设施为主进行布置。

⑤ 构件流水线生产车间宜条形布置。

⑥ 应根据工厂生产规模布置相适应的构件成品堆场。

⑦ 生产附属设施和生活服务设施应根据社会化服务原则统筹考虑。

⑧ 变电所及公用动力设施的布置，宜位于负荷中心。

⑨ 建筑物、构筑物之间及其与铁路、道路之间的防火间距，以及消防通道的设置，应符合《建筑设计防火规范》（2018年版）（GB 50016—2014）等有关的规定。

⑩ 原材料物流的出入口以及接收、贮存、转运、使用场所等应与办公和生活服务设施分离，易产生污染的设施宜设在办公区和生活区的常年主导风向下风向。

⑪ 人流和物流的出入口设置应符合城市交通有关要求，实现人流和物流分离，避免运输货流与人流交叉。应方便原材料、产品运输车进出。尽量减少中间运输环节，保证物流顺畅、径路短捷、不折返、不交叉。

⑫ 应结合当地气象条件，使建筑物具有良好的朝向、采光和自然通风条件。

⑬ 分期建设应统一规划，近期工程应集中、紧凑、合理布置，并应与远期工程合理衔接。

3. 主要生产区域

（1）原材料储存

① 砂、石子不得露天堆放，其堆场应为硬质地面且有排水措施。

② 粉状物料采用筒仓储存型式，由专用散装车送达。

③ 外加剂储存于具有耐腐蚀和防沉淀功能的箱体内。

④ 钢筋及配套部件应分别设置专用室内场地或仓库进行存放，场地应为硬质地坪且设有相应排水和防潮措施。

⑤ 粉状物料必须选用密闭输送设备。砂石输送选用非密闭输送设备时，应装有防尘罩。输送设备应有维修平台，并带有安全防护栏。

⑥ 筒仓内壁应光滑且设有破拱装置，仓底的最小倾角应大于 50°，不得有滞料的死角区。

⑦ 筒仓顶部应设透气装置和自动收尘装置，且性能可靠、清理方便。

⑧ 水泥采用散货船运输时，宜设置水泥中间储库和输送系统。

（2）混凝土配料及搅拌

① 称量设备必须满足各种原材料所要求的称量精度，应符合表 0-1 的要求。

表0-1　原材料的称量精度

原材料名称	称量精度
水泥、掺合料、水、外加剂	±1%
粗、细骨料	±2%

② 称量设备应设置自动计量系统，且与搅拌机配置相适应。

③ 对于粉状物料，在称量工艺系统中，各设备连接部分予以密封，不能实现密封的亦应采取有效的收尘措施。

④ 混凝土搅拌机应符合《混凝土搅拌机》（GB/T 9142—2000）中的相关规定。

⑤ 混凝土搅拌机的类型和产能必须满足构件生产对混凝土拌合物的数量、质量及种类要求。

⑥ 混凝土搅拌完毕，应及时通过混凝土贮料输送设备运送至构件生产车间。

⑦ 混凝土贮料输送设备应设防泄漏措施，对输送线路周边设置安全防护措施。

（3）钢筋加工

① 应在室内车间进行生产，在车间内设置起重设备。

② 车间内各加工设备的加工能力应满足混凝土构件产能的需求。

③ 车间工艺布置时，尽量避免材料的往返、交叉运输。

④ 车间内应当考虑设备检修场地、运输通道和足够数量的中转堆场。

⑤ 车间一般可布置成单跨或双跨，单跨跨度不宜小于 12m。

（4）构件生产

① 应根据构件产品选择机组流水法、流水传送法和固定台座法等生产组织方式，确定全部加工工序，完成各工序的工艺方法。

② 构件成型车间内不宜布置辅助车间生产线。

③ 车间内应设置起重设备，吊钩起吊高度宜大于 8m。

④ 车间内应设专用人行通道。

⑤ 采用流水传送法生产工艺，车间跨度一般不宜小于 24m，长度宜大于 120m。

⑥ 构件养护宜采用加热养护，应根据构件生产工艺合理选择养护池、隧道式养护窑、立式养护窑、养护罩等型式。

⑦ 应根据混凝土拌合物特性、构件特点，合理确定振动台振动、附着式振动、插入式振捣等方式，使混凝土获得良好的密实效果。

⑧ 墙板生产线宜设置平台顶升装置，用于构件垂直吊运。

⑨ 采用流水传送法生产时，应根据生产各种产品工艺上差异、混凝土浇捣前检验和整改过程等因素，宜在流水线上设置工序间的中转工位。

（5）构件堆放

① 应根据生产构件产品种类及规格，确定起重设备的起重吨位和起升高度，合理选用起重设备。

② 堆场面积应根据构件产量、平均堆放日期、运输条件、产品种类、堆放形式、通道系数等因素确定，其中5%的堆放面积宜作为废品堆放场地及构件检验、试压的场地。

③ 堆场产品堆存周期应根据建筑工程施工进度和工厂加工进度确定，一般可按工厂30～50d设计产能的产品数量来考虑。

④ 堆场地面应依据产品种类、堆放形式等因素进行硬化处理，满足承载能力，不得产生严重沉降和变形。

（6）试验室

① 室内要求宽敞，便于操作，采光良好。室内层高应满足最高设备的安装和使用。

② 室内应设有给排水管道，电气设备必须接地。

③ 混凝土室应考虑冲洗产生的废水和废渣排出。

④ 试验设备四周的通道不小于1m，操作面应留有足够的操作空间。

⑤ 养护室应保持恒温、恒湿，满足《混凝土物理力学性能试验方法标准》(GB/T 50081—2019)的要求。

二、预制混凝土构件

预制混凝土构件是在工厂或现场预先生产制作的混凝土构件，其主要组成材料为混凝土、钢筋、预埋件、保温材料等。由于构件在工厂内机械化加工生产，构件质量及精度可控，且受环境制约较小。预制构件通常包括预制外（内）剪力墙板、预制隔墙板、预制外挂板、预制空调板、预制阳台、预制飘窗、预制楼梯、预制女儿墙及其他造型构件等。

二维码3 装配式建筑混凝土构件

1. 预制墙板类构件

预制墙板类构件是用于内外承重墙、外墙围护或内墙分隔作用的、竖向使用的板形预制构件的统称。

预制外墙板（图0-2）由外叶装饰层、中间夹心保温层及内叶承重结构层构成，此外还有带飘窗的外墙板。预制外墙板是装配整体式建筑结构中起承重作用，施工时上下层外墙板主筋采用灌浆套筒连接，相邻预制外墙板之间采用整体接缝式现浇连接。预制剪力墙会在底部预埋钢筋对接套筒，腰部预留拉件孔，顶部预留次梁安装孔等。

　　预制内墙板（图0-3）为装配整体式建筑中作为承重内隔墙的预制构件，上下层预制内墙板的钢筋也是采用套筒灌浆连接的。内墙板之间水平钢筋采用整体式接缝连接，采用环形生产线一次浇筑成型。预埋件安装可采用磁性底座，但应避免振捣时产生位移。预养护后，表面人工抹光。蒸养拆模后翻板机辅助起吊。

(a) 带装饰面外墙

(b) 带窗外墙

图0-2　预制外墙板

图0-3　预制内墙板

2. 预制板类构件

　　其是水平使用的平面板形预制构件的统称。

　　（1）预制叠合楼板。预制叠合楼板是由预制板和现浇钢筋混凝土层叠合而成的装配整体式楼板。

　　预制叠合楼板（图0-4）厚度一般为5～8cm，上部现浇混凝土层厚度一般为6～9cm。在预制构件厂中生产叠合楼板的底板，到施工现场浇筑上层混凝土，现浇叠合层内可敷设水平设备管线。预制叠合楼板具有整体性好，刚度大，可节省模板的优良特性，而且板的上下表面平整，便于饰面层装修，适用于对整体刚度要求较高的高层建筑和大开间建筑。

　　（2）预制阳台板。预制阳台板可分为预制叠合阳台板和全预制阳台板。叠合阳台板一般为板式阳台，全预制阳台板分为梁式阳台和板式阳台。

　　（3）预制空调板。空调板为建筑物外立面悬挑出来放置空调室外机的平台。预制空调板（图0-5）通过预留负弯矩筋伸入主体结构后浇层，然后再浇筑成整体。

图0-4　预制叠合楼板

图0-5　预制空调板

3. 预制梁柱类构件

　　其是混凝土梁或柱等细长杆形预制构件的统称。

　　（1）预制混凝土梁。梁类构件一般为叠合梁（图0-6），预制梁在工厂中浇筑混凝土至板底、下部、两端及上部预留筋，在现场后浇混凝土形成的整体受弯构件。

图0-6　预制叠合梁

（2）预制混凝土柱。装配整体式结构中一般部位的框架柱采用预制柱；重要或关键部位的框架柱应现浇，柱类构件上下层预制柱竖向钢筋通过灌浆套筒连接。

三、预制混凝土构件厂生产工艺

预制构件的生产工艺根据组织形式不同，分为固定模台法、流动模台法、立模法。

1.固定模台法

固定模台法工艺生产线布置见图0-7，传统预制构件多采用此工艺。

在车间里布置一定数量的固定模台（模台是固定不动的），组装模具、放置钢筋与预埋件、浇筑振捣混凝土、养护构件和拆模都在固定模台上进行。

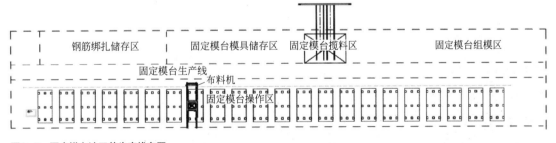

图0-7　固定模台法工艺生产线布置

固定模台法适用范围广、灵活方便、适用性强、设备成本低，但是机械化程度低，人工消耗较多，可生产柱、梁、楼板、墙板、楼梯、飘窗、阳台板、转角构件等各式构件。

2.流动模台法

大部分的预制构件生产线采用流动模台法。流动模台法为流动方式的一种，大部分预制构件厂流水生产线设置在主厂房内，用于构件钢筋骨架入模、预埋件安装、混凝土浇筑振捣、养护成型、构件出模作业。

流动模台工艺是将模台放置在滚轴或轨道上，使其移动。流动模台生产线（图0-8）主要由以下设备组成：模台、混凝土输送机、混凝土布料机、振动台及控制系统、模台存取机及控制系统、预养护系统及温控系统、立体养护窑及蒸养温控系统、侧力脱模机、运板平车、刮平机、抹光机、模具清扫机、数控划线机、喷涂脱模剂装置、摆渡车。

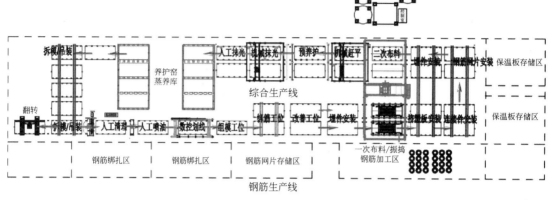

图0-8　流动模台生产线示意图

3. 立模法

立模法同固定模台法，属于预制混凝土构件固定生产方式的一种。立模法（图0-9）中一个立着浇筑柱子或一个侧立浇筑的楼梯板的模具属于独立立模，成组浇筑的墙板模具属于成组立模。

(a) 独立立模　　　　　　　　　　　(b) 成组立模

图0-9　立模工艺

立模法具有节省空间、养护效果好、预制构件表面平整的优势，但是受制于构件形状通用性不强，适用于无装饰面层、无门窗洞口的墙板、清水混凝土柱子和楼梯等；不适合生产楼板、梁、夹心保温板等。

任务三　熟悉预制混凝土构件生产流程

预制混凝土构件生产工艺通常包括模具清洁、模具组装、涂脱模剂、绑扎钢筋、安装预埋件、混凝土浇筑振捣、拉毛、蒸养、拆模、检验修补及堆放等阶段。其中针对具体构件生产工艺会根据构件类型和构件厂生产能力有所调整。预制构件通用流程图见图 0-10。

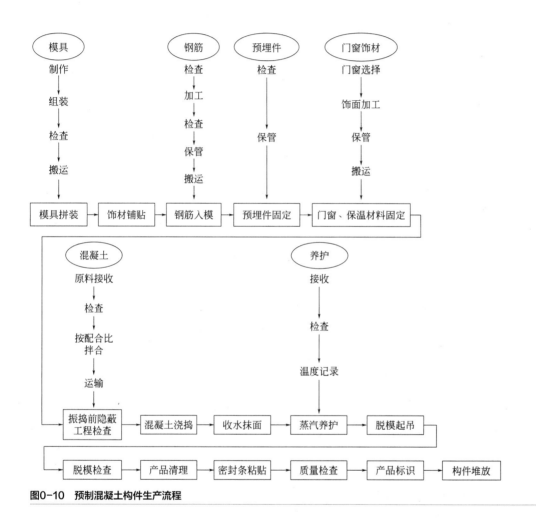

图0-10　预制混凝土构件生产流程

大致流程分为以下几个方面：

① 配合比设计。混凝土配合比设计必须满足预制构件的技术要求以及预制构件生产特殊工艺要求，如强度快速增长、构件表面拉毛、抹面与压光、满足布料机布料要求、适应地区的气候特征等要求。经过计算采用细石混凝土配合比，其中水泥使用量少，方便施工且混凝土其他各项指标满足施工和产品质量要求，达到环保效果。

② 模具设计。模具采用刚性大模台和独立模具，平整度达到相应要求。刚性大模台根据模台上的划线位置，固定安装相应的侧模，侧模固定采用螺栓、磁盒进行固定，不需在模台上另外开孔。

③ 模台清理和模具安装。用模台清理机清理模台上的混凝土残渣，对个别死角处残渣

用扁铲清理，并用泡沫清理浮灰。安装完模具后涂刷脱模剂或缓凝剂。

④ 钢筋加工。钢筋加工和绑扎工序类似于传统工艺，应严格保证加工尺寸和绑扎精度，有条件时可采用数控钢筋加工设备，构件钢筋在模具内的保护层厚度应进行严格控制，采用塑料钢筋马凳控制混凝土保护层厚度。数控钢筋设备通过数控全自动系统一次性完成钢筋放线、调制送丝、钢筋备料存储、侧筋拱弯、焊接成型、底脚折弯、步进牵引、定尺剪切、成品码垛收集等全部工序。所生产的钢筋尺寸精度高、速度快、产量大，可以满足大批量生产要求。

⑤ 钢筋摆放绑扎与预埋件安装。脱模剂喷涂完成后，按照图纸要求放入钢筋，调整好位置后垫好保护层垫块，混凝土垫块原则上每平方米不少于 4 个。生产过程中的各类预埋件，包括灯具线盒、地漏、锚栓、吊钉、钢套管、传料孔、放线孔、套筒等，对于精度要求较高的安装采用磁铁固定，精度要求不高的采用固定工具与钢筋网片绑扎的方式定位固定。

⑥ 混凝土浇筑。按照混凝土设计配合比经过试配确定最终配合比，生产时严格控制水胶比和坍落度。浇筑和振捣应按照操作规程，防止漏振和过振。混凝土浇筑采用自动布料机进行布料，模台上所有构件布料完成后才可进行振捣，振捣方式有摇振和变频振动两种方式，混凝土浇筑和振捣总时间控制在 5min 以内。对内墙板等构件表面利用赶平机赶平，表面平整、内部密实均匀，有利于提高混凝土的强度和耐久性。混凝土浇筑完成后，对叠合梁等构件表面进行拉毛处理，使拉毛面不小于构件表面的 80%，拉毛深度不小于 4mm。对保温墙板和内墙板的表面利用人工或者抹光机进行抹面，以满足外观质量和平整度要求。生产时应按照规定制作试块，与构件同条件养护。

⑦ 构件养护。预制构件初凝后开始进行养护，养护窑为立体式养护窑，温度、湿度通过电脑自动控制，养护过程为：静停 (30℃)2h →升温 2h →恒温 (55℃)4h →降温 2h。

⑧ 构件脱模。当构件混凝土强度达到设计强度的 30% 且不低于 C15 时，可以拆除边模；构件翻身强度不低于设计强度的 70%，且不低于 C20，经过复核满足翻身和吊装要求时，允许将构件翻身和起吊；当构件强度大于 C15，低于 70% 时，应和模具平台一起翻身，不得直接起吊构件翻身。

⑨ 构件表面处理。预制构件脱模后，应及时进行表面检查，对缺陷部位进行修补，表面观感质量的要求根据设计和合同要求，同时对水洗面进行冲洗。

⑩ 构件质量检查。构件达到设计强度时，应对预制构件进行最后的质量检查，应根据构件设计图纸逐项检查，检查内容包括：构件外观与设计是否相符、预埋件情况、混凝土试块强度、表面瑕疵和现场处理情况等。逐项列表登记，确保不合格产品不出厂。

⑪ 构件存放。构件按照产品品种、规格型号、检验状态分类存放，产品标识明确、耐久，预埋吊件均朝上，标识统一向外。构件每层之间合理设置垫块支点位置，确保预制构件存放稳定，支点与起吊点位置一致。叠合板、阳台板和空调板等构件采用平放方式，叠放层数不宜超过 6 层。预制柱、梁等细长构件宜平放且应用两条垫木支撑。楼梯采用卧放形式，叠放层数不宜超过 4 层。

⑫ 构件运输。外墙板宜采用立式运输，外饰面层应朝外，梁、板、楼梯、阳台宜采用水平运输。采用靠放架立式运输时，构件与地面倾斜角度宜大于 80°，构件应对称靠放，每侧不大于 2 层，构件层间上部采用木垫块隔离。采用插放架直立运输时，采取防止构件倾倒措施，构件之间应设置隔离垫块。采用水平运输时，预制梁、柱构件叠放不宜超过 3 层，

板类构件叠放不宜超过 6 层。

预制混凝土剪力墙外墙板生产流程见图 0-11。

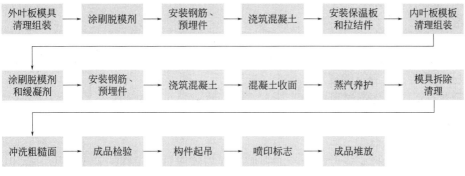

图0-11　预制混凝土剪力墙外墙板生产流程

预制叠合楼板生产流程见图 0-12。

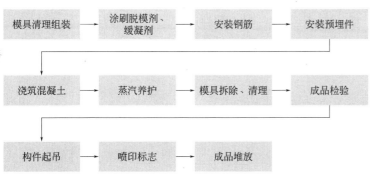

图0-12　预制叠合楼板生产流程

预制楼梯生产流程见图 0-13。

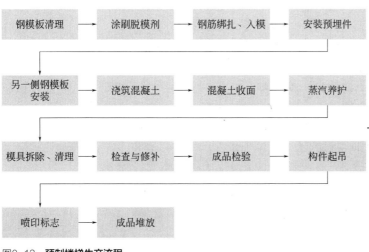

图0-13　预制楼梯生产流程

【项目测试】

一、单项选择题

1. 从狭义上理解和定义，装配式建筑是指（　　　）。
   A. 在施工现场支模浇筑的建筑
   B. 用预制部品、部件通过可靠的连接方式在工地装配而成的建筑
   C. 民用建筑
   D. 超过24m的建筑

2. 2016年国务院发布的《关于进一步加强城市规划建设管理工作的若干意见》提出，加大政策支持力度，力争用10年左右时间，使装配式建筑占新建建筑的比例达到（　　　）。
   A. 20%　　　　　　　　　　　　B. 30%
   C. 40%　　　　　　　　　　　　D. 50%

3. 预制构件的生产制作在（　　　）完成。
   A. 组装场地　　　　　　　　　　B. 模具配件厂
   C. 预制构件厂　　　　　　　　　D. 起吊设备厂

4. 预制混凝土构件是指（　　　）。
   A. 钢结构构件
   B. 在工厂或现场预先生产制作的混凝土构件
   C. 现浇混凝土构件
   D. 装配式构件

5. 水平使用的平面板形预制构件统称为（　　　）。
   A. 预制墙板类构件　　　　　　　B. 预制板类构件
   C. 预制梁柱类构件　　　　　　　D. 预制混凝土柱

6. 大部分的预制构件生产线采用（　　　）。
   A. 固定模台法　　　　　　　　　B. 流动模台法
   C. 立模法　　　　　　　　　　　D. 移动模台法

7. 立模法具有节省空间、养护效果好、预制构件表面平整、（　　　）的优势。
   A. 适用性强、设备成本低
   B. 机械化程度高、人工消耗少
   C. 适用范围广、灵活方便
   D. 节省空间、养护效果好、预制构件表面平整

8. 到目前为止，我国建筑业一直以（　　　）为主。
   A. 钢结构施工　　　　　　　　　B. 砖木结构
   C. 现浇混凝土施工　　　　　　　D. 装配式施工

9. 装配式混凝土结构的主要特点就是构件的（　　　）。
   A. 简约化生产　　　　　　　　　B. 工厂化生产
   C. 装配式生产　　　　　　　　　D. 工厂化施工

二、多项选择题

1. 装配式建筑具有（　　）特征，与传统技术相比可提高技术水平和工程质量，促进建筑产业转型升级。

A. 标准化设计　　　　　　　　　　B. 工厂化生产

C. 装配化施工　　　　　　　　　　D. 一体化装修

E. 信息化管理　　　　　　　　　　F. 智能化应用

2. 装配式建筑主要包括（　　　）。

A. 装配式混凝土建筑　　　　　　　B. 装配式钢结构

C. 现代木结构　　　　　　　　　　D. 砖木结构

3. 在国务院办公厅《关于大力发展装配式建筑的指导意见》中提出，发展装配式建筑有利于（　　　）。

A. 减少建筑垃圾

B. 减少扬尘污染

C. 缩短建造工期,提升劳动生产效率

D. 提升工程质量、安全水平

4. 预制外墙板由（　　）组成。

A. 外叶装饰层　　　　　　　　　　B. 中间夹心保温层

C. 内叶承重结构层　　　　　　　　D. 灌浆套筒

5. 预制构件的生产工艺根据组织形式不同，分为（　　　）。

A. 固定模台法　　　　　　　　　　B. 流动模台法

C. 立模法　　　　　　　　　　　　D. 移动模台法

三、简答题

1. 简述装配式建筑的优势。

2. 预制构件典型的生产线有哪些? 其适用范围是什么?

3. 简述流动模台生产线中的主要设备。

4. 简述构件生产流程。

模具准备与安装

知识目标

1. 掌握预制构件识图规则；

2. 熟悉预制装配式混凝土墙、板、楼梯的模具准备与安装过程。

技能目标

1. 通过本项目的学习，掌握模具准备与安装的具体操作流程；

2. 掌握模具检验项目与方法。

素质目标

1. 通过预制构件模具准备与安装过程训练，培养学生实践动手能力，逐步养成严谨认真的工作态度；

2. 理解工作岗位对从业人员的要求和约束，培养学生严谨规范的职业道德。

任务一　夯实基础

一、识图规则

（一）预制混凝土剪力墙施工图识图规则

预制混凝土剪力墙可结合建筑功能和结构平立面布置的要求，根据构件的生产、运输和安装能力，确定预制构件的形状和大小，可根据国家建筑标准设计图集《预制混凝土剪力墙外墙板》（15G365-1）（图1-1）、《预制混凝土剪力墙内墙板》（15G365-2）（图1-2）选择，也可自行设计。

图1-1 《预制混凝土剪力墙外墙板》（15G365-1）

图1-2 《预制混凝土剪力墙内墙板》（15G365-2）

1. 预制混凝土剪力墙外墙板

预制混凝土剪力墙外墙板又称预制混凝土夹心保温外墙板，适用于非组合式承重，是内外两层混凝土板采用拉接件可靠连接，中间夹有保温材料的外墙板，简称夹心保温外墙板，具有结构、保温、装饰一体化的特点。夹心保温外墙板由内叶墙板、保温材料和外叶墙板三部分构成（图1-3），保温材料置于内外叶墙板之间，外叶墙板作为荷载通过贯穿保温层的拉结件与承重内叶墙板相连。

预制外墙板对应层高分别为 2.8m、2.9m 和 3.0m。外墙板门窗洞口宽度尺寸采用的模数均为 3M，承重内叶墙板厚度为 200mm，外叶墙板厚度为 60mm，中间夹心保温层厚度为 30～100mm。楼板和预制阳台板的厚度为 130mm，建筑面层做法厚度分为 50mm 和 100mm 两种。

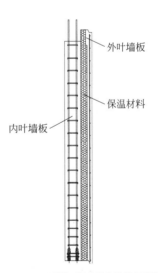

图1-3 预制混凝土剪力墙外墙板组成示意图

国家建筑标准设计图集中的墙板模板图（图1-4），主要表达了墙板的编号、墙板的各视角视图、预制配件明细表、预埋线盒位置选用、钢筋表。根据图示参数可以为预制构件加工过程中模具提供具体尺寸，钢筋类型及摆放位置和预埋件种类、数量以及摆放位置等信息。

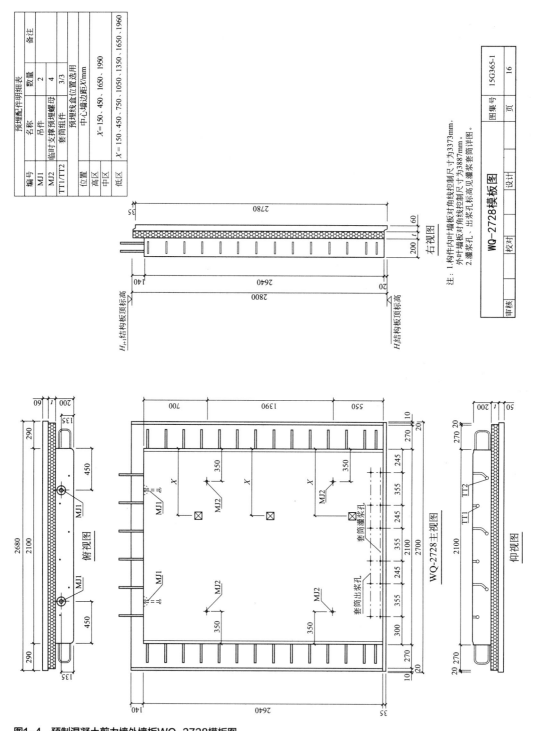

图1-4 预制混凝土剪力墙外墙板WQ-2728模板图

（1）规格及编号

① 内叶墙板编号。《预制混凝土剪力墙外墙板》（15G365-1）根据预制内叶墙板类型分为5种形式，具体表示形式见表1-1，墙板编号示例见表1-2。

表1-1 预制混凝土剪力墙外墙板内叶墙板编号

墙板类型	示意图	墙板编号
无窗洞口外墙		WQ（无窗洞口外墙）-××（标志宽度）××（层高）
一个窗洞外墙(高窗台)		WQC1［一个窗洞外墙（高窗台）］-××（标志宽度）××（层高）-××（窗宽）××（窗高）
一个窗洞外墙（矮窗台)		WQCA［一个窗洞外墙（矮窗台）］-××（标志宽度）××（层高）-××（窗宽）××（窗高）
两个窗洞外墙		WQC2（两个窗洞外墙）-××（标志宽度）××（层高）-××（左窗宽）××（左窗高）-××（右窗宽）××（右窗高）
一个门洞外墙		WQM（一个门洞外墙）-××（标志宽度）××（层高）-××（门宽）××（门高）

表1-2 预制混凝土剪力墙外墙板内叶墙板编号示例   单位：mm

墙板类型	示意图	墙板编号示例	标志宽度	层高	门/窗宽	门/窗高	门/窗宽	门/窗高
无窗洞口外墙		WQ-2428	2400	2800	—	—	—	—
一个窗洞外墙（高窗台）		WQC1-3028-1514	3000	2800	1500	1400	—	—
一个窗洞外墙（矮窗台）		WQCA-3029-1517	3000	2900	1500	1700	—	—
两个窗洞外墙		WQC2-4830-0615-1515	4800	3000	600	1500	1500	1500
一个门洞外墙		WQM-3628-1823	3600	2800	1800	2300	—	—

② 外叶墙板。根据图集《预制混凝土剪力墙外墙板》（15G365-1），外叶墙板共有两种，见图1-5。

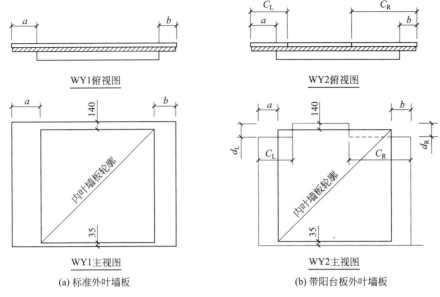

图1-5 外叶墙板类型图（内表面视图）

标准外叶墙板编号为 WY1（a、b），按实际情况标注出 a、b，当 a、b 均为 290mm 时，仅注写 WY1；带阳台外叶墙板编号为 WY2（a、b、C_L 或 C_R、d_L 或 d_R），按外叶墙板实际情况标注 a、b、C_L 或 C_R、d_L 或 d_R。

（2）图例　相关图例见表1-3。

表1-3　预制混凝土剪力墙外墙板图例及符号汇总表

名称	图例/符号
预制墙板	
后浇段	
保温层	
防腐木砖	
预埋线盒	
粗糙面	
外表面	▲
内表面	NS
吊件	MJ1
临时支撑预埋螺母	MJ2
临时加固预埋螺母	MJ3
300mm宽填充用聚苯板	B-30
450mm宽填充用聚苯板	B-45
500mm宽填充用聚苯板	B-50
50mm宽填充用聚苯板	B-5

（3）预制混凝土剪力墙钢筋骨架结构

① 无洞口外墙内叶墙板的钢筋骨架示意见图1-6。

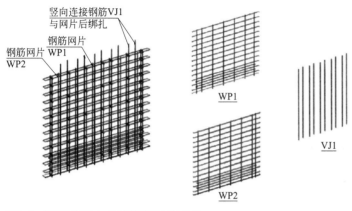

图1-6　无洞口外墙内叶墙板的钢筋骨架示意

② 一个窗洞外墙（高窗台）内叶墙板的钢筋骨架示意见图1-7。

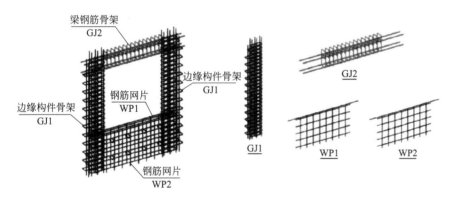

图1-7　一个窗洞外墙（高窗台）内叶墙板的钢筋骨架示意

③ 一个窗洞外墙（矮窗台）内叶墙板的钢筋骨架示意见图1-8。

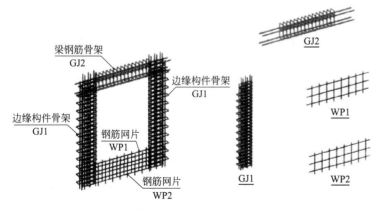

图1-8　一个窗洞外墙（矮窗台）内叶墙板的钢筋骨架示意

④ 两个窗洞外墙内叶墙板的钢筋骨架示意图见图 1-9。

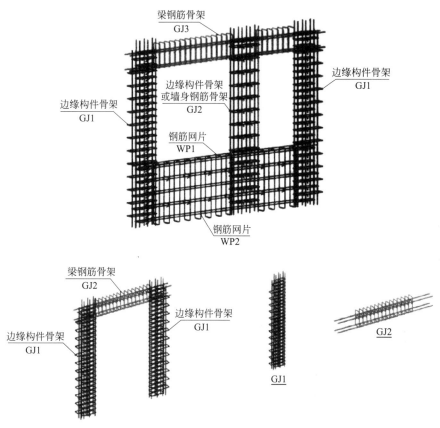

图1-9　两个窗洞外墙内叶墙板的钢筋骨架示意

⑤ 一个门洞外墙的内叶墙板钢筋骨架示意见图 1-10。

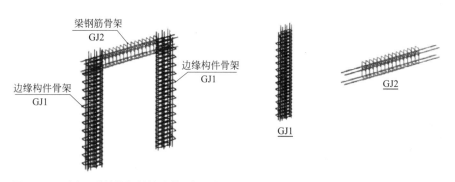

图1-10　一个门洞外墙的内叶墙板钢筋骨架示意

2. 预制混凝土剪力墙内墙板

预制内墙板对应层高分别为 2.8m、2.9m 和 3.0m。内墙板门窗洞口尺寸分为 900mm 和 1000mm 两种，预制内墙板厚度为 200mm。楼板和预制阳台板的厚度为 130mm，建筑面层做法厚度分为 50mm 和 100mm 两种。

（1）规格及编号（表1-4）

表1-4　预制混凝土剪力墙内墙板编号

墙板类型	示意图	墙板编号
无洞口内墙		NQ（无洞口内墙）-××（标志宽度）××（层高）
固定门垛内墙		NQM1［一门洞内墙（固定门垛）］-××（标志宽度）××（层高）-××（门宽）××（门高）
中间门洞内墙		NQM2［一门洞内墙（中间门洞）］-××（标志宽度）××（层高）-××（门宽）××（门高）
刀把内墙		NQM3［一个门洞内（墙刀把内墙）］-××（标志宽度）××（层高）-××（门宽）××（门高）

相关示例见表1-5。

表1-5　预制混凝土剪力墙内墙板编号示例　　　　　　　单位：mm

墙板类型	示意图	墙板编号示例	标志宽度	层高	门宽	门高
无洞口内墙		NQ-2128	2100	2800	—	—
固定门垛内墙		NQM1-3028-0921	3000	2800	900	2100
中间门洞内墙		NQM2-3029-1022	3000	2900	1000	2200
刀把内墙		NQM3-3329-1022	3300	2900	1000	2200

（2）图例（表1-6）

表1-6　预制混凝土剪力墙内墙板图例及符号汇总表

名称	图例/符号
预制墙板	
后浇段	

续表

名称	图例/符号
保温层	▒▒▒▒
防腐木砖	⊠
预埋线盒	⊠
粗糙面	△C
装配方向	▲
外表面	WS
内表面	NS
吊件	MJ1
临时支撑预埋螺母	MJ2
临时加固预埋螺母	MJ3
300mm宽填充用聚苯板	B-30
450mm宽填充用聚苯板	B-45
500mm宽填充用聚苯板	B-50
50mm宽填充用聚苯板	B-5
套筒组件	TT1/TT2
套管组件	TG

（二）预制混凝土叠合板施工图识图规则

预制混凝土叠合楼板是预制底板和现浇混凝土板相结合的一种较好结构形式，其具有整体性好、刚度大、抗裂性好、节约模板等优点。

底板的预应力主筋即是叠合楼板的主筋，上部混凝土现浇层仅配置负弯矩钢筋和构造钢筋。预制底板用作现浇混凝土层的底模，不必为现浇层支撑模板。预制底板底面光滑平整，板缝经处理后，顶棚可以不再抹灰。

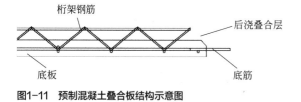

图1-11 预制混凝土叠合板结构示意图

预制混凝土叠合板由底板、后浇叠合层、桁架钢筋、底筋组成，在预制构件厂制成底板部分，到施工现场后浇现浇层进行现场浇筑，具体结构如图1-11所示。在实际建设项目中，会选用图集《桁架钢筋混凝土叠合板（60mm 厚底板）》（15G366-1）中的模板制造，也可根据实际自行设计。图集中底板厚为60mm，后浇混凝土叠合层厚度为70mm、80mm、90mm，适用于剪力墙墙厚为200mm 的情况。图1-12 为桁架钢筋混凝土叠合板宽1200mm 双向底板模板及配筋图。模板及配筋图中说明了叠合板底板参数表、底板配筋表、底板的具体尺寸。模板净长度 $l_0=200n+a1+a2$，总长度 $L=l_0+$ 钢筋伸出长度，△C代表粗糙面，△M代表模板面。

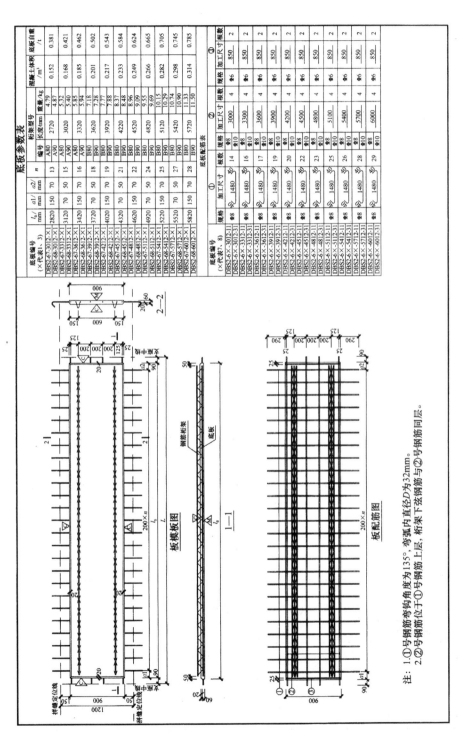

底板参数表

底板编号 (×代表1、3)	l_0/mm	$a1$/mm	$a2$/mm	n	桁架型号 编号	桁架型号 长度/mm	桁架型号 高度/kg	混凝土体积/m³	底板自重/t
DBS2-67-3012-×	2820	150	70	13	A80	2720	4.79	0.152	0.381
DBS2-68-3012-×	3120	70	50	15	A80	3020	5.32	0.168	0.421
DBS2-67-3312-×	3120	70	70	15	A80	3020	5.40	0.168	0.421
DBS2-67-3612-×	3420	150	70	16	A90	3320	5.85	0.185	0.462
DBS2-68-3612-×	3720	150	50	18	A90	3620	5.94	0.201	0.502
DBS2-67-3912-×	3720	70	70	18	A90	3620	7.18	0.201	0.502
DBS2-68-3912-×	4020	150	50	19	B90	3920	7.28	0.217	0.543
DBS2-67-4212-×	4020	150	70	19	B80	3920	7.77	0.217	0.543
DBS2-68-4212-×	4320	150	50	21	B80	4220	7.88	0.233	0.584
DBS2-68-4512-×	4320	70	50	21	B80	4220	8.37	0.233	0.584
DBS2-67-4512-×	4620	150	70	22	B80	4520	8.48	0.249	0.624
DBS2-68-4812-×	4620	150	50	22	B80	4520	8.96	0.249	0.624
DBS2-67-4812-×	4920	70	70	24	B90	4820	9.09	0.266	0.665
DBS2-68-5112-×	4920	70	50	24	B90	4820	9.55	0.266	0.665
DBS2-67-5112-×	5220	150	70	25	B90	5120	9.69	0.282	0.705
DBS2-68-5412-×	5220	150	50	25	B90	5120	10.15	0.282	0.705
DBS2-67-5412-×	5520	70	70	27	B90	5420	10.29	0.298	0.745
DBS2-68-5712-×	5520	70	50	27	B90	5420	10.74	0.298	0.745
DBS2-67-6012-×	5820	150	70	28	B80	5720	10.90	0.314	0.785
					B80		11.33		
					B90		11.50		

底板配筋表

底板编号 (×代表7、8)	① 规格	① 加工尺寸	① 根数	② 规格	② 加工尺寸	② 根数	规格	加工尺寸	根数
DBS2-6-×-3012-3	φ8	1480	14	φ10	3000	4	φ6	850	2
DBS2-6-×-3012-3	φ8	1480	16	φ10	3300	4	φ6	850	2
DBS2-6-×-3312-3	φ8	1480	17	φ10	3600	4	φ6	850	2
DBS2-6-×-3612-3	φ8	1480	19	φ10	3900	4	φ6	850	2
DBS2-6-×-3612-3	φ8	1480	20	φ10	4200	4	φ6	850	2
DBS2-6-×-3912-3	φ8	1480	22	φ10	4500	4	φ6	850	2
DBS2-6-×-4212-3	φ8	1480	23	φ10	4800	4	φ6	850	2
DBS2-6-×-4512-3	φ8	1480	25	φ10	5100	4	φ6	850	2
DBS2-6-×-4812-3	φ8	1480	26	φ10	5400	4	φ6	850	2
DBS2-6-×-5112-3	φ8	1480	28	φ10	5700	4	φ6	850	2
DBS2-6-×-5412-3	φ8	1480	29	φ10	6000	4	φ6	850	2
DBS2-6-×-5712-3	φ8	1480							
DBS2-6-×-6012-3	φ8	1480							

板模板图

1—1

2—2

板配筋图

钢筋桁架　底板

注：1.①号钢筋弯钩角度为135°，弯弧内直径D为32mm。
2.②号钢筋位于①号钢筋上层，桁架下弦钢筋与②号钢筋同层。

图1-12　桁架钢筋混凝土叠合板宽1200mm双向底板模板及配筋图

1. 规格及编号

（1）桁架钢筋混凝土叠合板用底板（双向板）。四边支承的长方形的板，如跨度与宽度之比相差不大，其比值小于 2 时称之为双向板（图 1-13）。在荷载作用下，将在纵横两个方向产生弯矩，沿两个垂直方向配置受力钢筋。

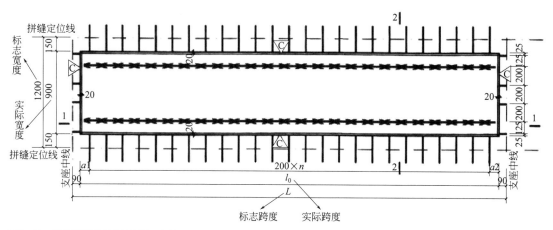

图1-13　桁架钢筋混凝土叠合板双向板

桁架钢筋混凝土叠合板用底板（双向板）编号如下：

$$\underline{DBS} \times - \times\times - \underline{\times\times}\,\underline{\times\times} - \times\times - \delta$$

$$① \quad ②- \quad ③④ - \quad ⑤ \quad ⑥ - ⑦ - ⑧$$

含义如下：

①为桁架钢筋混凝土叠合板用底板（双向板）；②为叠合板类别（1 为边板，2 为中板）；③为预制底板厚度，以 cm 计；④为后浇叠合层厚度，以 cm 计；⑤为标志跨度，以 dm 计；⑥为标志宽度，以 dm 计；⑦为底板跨度及宽度方向钢筋代号；⑧为调整宽度。

底板跨度及宽度方向钢筋代号见表 1-7，双向板底板宽度及跨度见表 1-8。

表1-7　双向叠合板用底板跨度方向、宽度方向钢筋代号组合表

宽度方向钢筋	跨度方向钢筋			
	$\Phi8@200$	$\Phi8@150$	$\Phi10@200$	$\Phi10@150$
$\Phi8@200$	11	21	31	41
$\Phi8@150$	—	22	32	42
$\Phi8@100$	—	—	—	43

表1-8　双向板底板宽度及跨度表　　　　　　　单位：mm

双向板底板宽度						双向板底板跨度						
标志宽度	1200	1500	1800	2000	2400	标志跨度	3000	3300	3600	3900	4200	4500
边板实际宽度	960	1260	1560	1760	2160	实际跨度	2820	3120	3420	3720	4020	4320
中板实际宽度	900	1200	1500	1700	2100	标志跨度	4800	5100	5400	5700	6000	—
						实际跨度	4620	4920	5220	5520	5820	—

例如，底板编号 DBS1-67-3620-31，表示双向受力叠合板用底板，拼装位置为边板，预制底板厚度为 60mm，后浇叠合层厚度为 70mm，预制底板的标志跨度为 3600mm，预制底板的标志宽度为 2000mm，底板跨度方向配筋为 Φ10@200，底板宽度方向配筋为 Φ8@200。

（2）桁架钢筋混凝土叠合板用底板（单向板）。沿两对边支承的板应按单向板计算，对于四边支承的板，当长边与短边比值大于 3 时，可按沿短边方向的单向板计算，但应沿长边方向布置足够数量的构造钢筋；当长边与短边比值介于 2 与 3 之间时，宜按双向板计算；当长边与短边比值小于 2 时，应按双向板计算。图 1-14 为桁架钢筋混凝土叠合板宽 1200mm 单向板底板模板及配筋图。

桁架钢筋混凝土叠合板用底板（单向板）编号规则如下：

$$\text{DBD} \quad \times\times \text{-} \underline{\times\times} \ \underline{\times\times} \text{-} \times$$
$$\text{①} \qquad \text{②③} \text{-} \text{④} \quad \text{⑤} \text{-} \text{⑥}$$

含义如下：

① 为桁架钢筋混凝土叠合板用底板（单向板）；② 为预制底板厚度，以 cm 计；③ 为后浇叠合层厚度，以 cm 计；④ 为标志跨度，以 dm 计；⑤ 为标志宽度，以 dm 计；⑥ 为底板跨度及宽度方向钢筋代号。

单向叠合板用底板跨度方向、宽度方向钢筋代号组合见表 1-9，单向板底板宽度及跨度见 1-10。

例如，底板编号 DBD67-3620-2，表示单向受力叠合板用底板，预制底板厚度为 60mm，后浇叠合层厚度为 70mm，预制底板的标志跨度为 3600mm，预制底板的标志宽度为 2000mm，底板跨度方向配筋 Φ8@150，分布钢筋为 Φ6@200。

表1-9　单向叠合板用底板跨度方向、宽度方向钢筋代号组合表

代号	1	2	3	4
受力钢筋规格及间距	Φ8@200	Φ8@150	Φ10@200	Φ10@150
分布钢筋规格及间距	Φ6@200	Φ6@200	Φ6@200	Φ6@200

表1-10　单向板底板宽度及跨度表　　　　　　　单位：mm

单向板底板宽度					
标志宽度	1200	1500	1800	2000	2400
实际宽度	1200	1500	1800	2000	2400
单向板底板跨度					
标志跨度	2700	3000	3300	3600	3900	4200
实际跨度	2520	2820	3120	3420	3720	4020

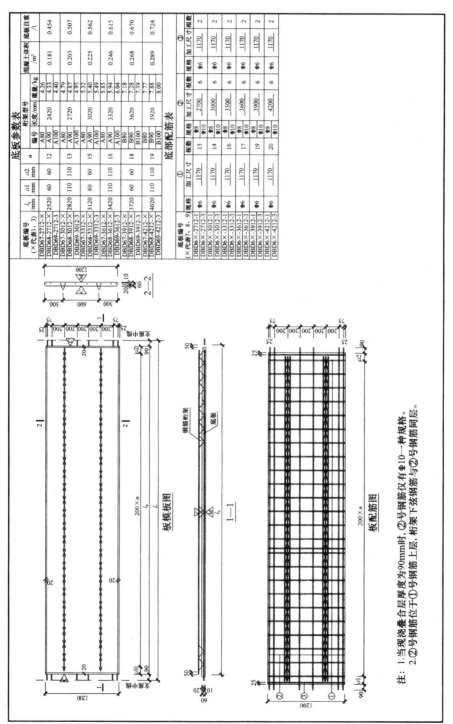

底板参数表

底板编号 (×代表1、3)	l_0/mm	a_1/mm	a_2/mm	n	桁架型号 编号	长度/mm	质量/kg	混凝土体积 /m³	底板自重 /t
DBD67-2712-×	2520	60	60	12	A80 A90 A100	2420	4.26 4.33 4.40	0.181	0.454
DBD68-2712-3									
DBD69-2712-3									
DBD67-3012-×	2820	110	110	13	A80 A90 A100	2720	4.79 4.87 4.95	0.203	0.507
DBD68-3012-×									
DBD69-3012-3									
DBD67-3312-×	3120	60	60	15	A80 A90 A100	3020	5.32 5.40 5.49	0.225	0.562
DBD68-3312-×									
DBD69-3312-3									
DBD67-3612-×	3420	110	110	16	A80 A90 A100	3320	5.83 5.94 6.04	0.246	0.615
DBD68-3612-×									
DBD69-3612-3									
DBD67-3912-×	3720	60	60	18	B80 B90 B100	3620	7.18 7.28 7.39	0.268	0.670
DBD68-3912-×									
DBD69-3912-3									
DBD67-4212-×	4020	110	110	19	B80 B90 B100	3920	7.77 7.88 8.00	0.289	0.724
DBD68-4212-×									
DBD69-4212-3									

底部配筋表

底板编号 (×代表7、8、9)	① 规格	加工尺寸	根数	② 规格	根数	加工尺寸	根数	③ 规格	加工尺寸	根数
DBD6×-2712-1 DBD6×-2712-3	Φ6	1170	13	Φ10	6	2700	Φ6	1170	2
DBD6×-3012-1 DBD6×-3012-3	Φ6	1170	14	Φ10	6	3000	Φ6	1170	2
DBD6×-3312-1 DBD6×-3312-3	Φ6	1170	16	Φ10	6	3300	Φ6	1170	2
DBD6×-3612-1 DBD6×-3612-3	Φ6	1170	17	Φ10	6	3600	Φ6	1170	2
DBD6×-3912-1 DBD6×-3912-3	Φ6	1170	19	Φ10	6	3900	Φ6	1170	2
DBD6×-4212-1 DBD6×-4212-3	Φ6	1170	20	Φ10	6	4200	Φ6	1170	2

2—2

板模板图

钢筋桁架

底板

1—1

板配筋图

注: 1. 当现浇叠合层厚度为90mm时, ②号钢筋仅有Φ10一种规格。
2. ②号钢筋位于①号钢筋上层, 桁架下弦钢筋与②号钢筋同层。

图1-14 桁架钢筋混凝土叠合板底板宽1200mm单向板底板模板及配筋图

2. 图例（表1-11）

表1-11　叠合板图例及符号汇总表

名称	图例/符号
预制楼板	▭
后浇段	▭
防腐木砖	⊠
预埋线盒	⊠
粗糙面	△C
模板面	△M
吊件位置	▲
PVC线盒	⊞
金属线盒	⊞R
止水节	Ⓩ
刚性防水套管	ⒻⓉ
预留孔洞	◯

3. 钢筋桁架规格及编号

预制叠合板中桁架钢筋通过电阻点焊连接形成桁架，以钢筋为其上弦、下弦及腹杆。一方面，设置桁架钢筋可以有效地提高楼板刚度，增强楼板叠合面的抗剪强度；另一方面，构件在堆放、运输和吊装过程中，桁架钢筋都起到重要作用，特别是起吊楼板时，往往将其加强部位作为吊点，用来承担楼板的重量。表1-12为钢筋桁架的规格及代号表，钢筋桁架A80剖面图见图1-15。底板钢筋及钢筋桁架的上弦、下弦钢筋采用HRB400钢筋，钢筋桁架腹杆钢筋采用HPB300钢筋。

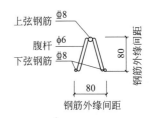

图1-15　钢筋桁架A80剖面图

表1-12　钢筋桁架的规格及代号表

桁架代号	上弦钢筋 公称直径/mm	下弦钢筋 公称直径/mm	腹杆钢筋 公称直径/mm	桁架设计 高度/mm	60mm厚底板叠合 层厚度/mm
A80	8	8	6	80	70
A90	8	8	6	90	80
A100	8	8	6	100	90

续表

桁架代号	上弦钢筋 公称直径/mm	下弦钢筋 公称直径/mm	腹杆钢筋 公称直径/mm	桁架设计 高度/mm	60mm厚底板叠合 层厚度/mm
B80	10	8	6	80	70
B90	10	8	6	90	80
B100	10	8	6	100	90

（三）预制混凝土楼梯施工图识图规则

预制混凝土楼梯为楼梯间使用构件，按照形式一般可分为双跑楼梯与剪刀楼梯。

1. 编号及规格

（1）预制双跑楼梯编号。具体如下：

$$ST\text{-}\times\times\text{-}\times\times$$
$$①\text{-}②\text{-}③$$

含义为：①为楼梯类型；②为层高；③为楼梯间净宽。

双跑楼梯尺寸示意图如图 1-16 所示。

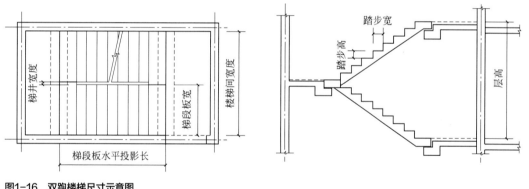

图1-16　双跑楼梯尺寸示意图

例如 ST-28-25 表示双跑楼梯，建筑层高 2.8m，楼梯间净宽 2.5m 所对应的预制混凝土板式双跑楼梯梯段板。

（2）剪刀楼梯编号。具体如下：

$$JT\text{-}\times\times\text{-}\times\times$$
$$①\text{-}②\text{-}③$$

含义为：①为楼梯类型；②为层高；③为楼梯间净宽。

例如 JT-28-25 表示剪刀楼梯，建筑层高 2.8m，楼梯间净宽 2.5m 所对应的预制混凝土板式剪刀楼梯梯段板。

2. 图例（表1-13）

表1-13　楼梯图例及符号汇总表

名称	图例/符号
预制楼梯	▭
栏杆预留孔洞	◑
梯段板吊装预埋件	M1/M2 ⊕
预留洞口	○
栏杆预留埋件	- - - - - - - - - -
板吊装预埋件	▱

二、模具一般规定

① 模具应具有足够的承载力、刚度和稳定性，满足构件生产时浇筑混凝土的重量、侧压力、工作荷载及周转次数的要求。由于每套模具被分解得较零碎，需按顺序统一编号，防止错用。

② 模具应支、拆方便，且应便于钢筋安装、预埋件固定和混凝土浇筑、养护。

③ 模具和台座应建立使用和保管制度。模具底模可采用固定式钢模台，侧模宜采用钢材或铝合金。当预制构件造型或饰面特殊时，宜采用硅胶模与钢模组合等形式。侧模和底模的材料宜选用钢材，所选用的材料应有质量证明书或检验报告。

④ 钢模必须具有足够的承载力、刚度和稳定性，其设计及制造应符合行业标准《预制混凝土构件钢模板》（JG/T 3032—1995）的有关规定。

⑤ 模具与底模固定方式分为定位销加螺栓固定方式和磁力盒固定方式。当采用磁力盒固定方式固定模具时，应选择符合模具特征和生产厂规定的磁力盒规格及布置要求。边模上的连接螺栓和定位销一个都不能少，必须紧固到位。为了构件脱模时边模顺利拆卸，防漏浆的部件必须安装到位。

⑥ 铝模在加工厂成批投产前和投产后都应进行荷载试验，检验模板的强度、刚度和焊接质量等综合性能。经检验被评定为合格后，签发产品合格证方准出厂，并附说明书。

⑦ 硅胶模作为饰面底模时，制作尺寸可适当放大，待拼装完成后做最后裁边。

⑧ 模具经检查不能满足使用和质量要求时，应禁止使用并做好登记手续。

⑨ 模具的拆除要求。当构件脱模时，首先将边模上的螺栓和定位销全部拆卸掉，为了保证模具的使用寿命，禁止使用大锤。拆卸的工具宜为皮锤、羊角锤和小撬棍等工具。模具每次使用后，应清理干净，与混凝土接触部分不得留有水泥浆和混凝土残渣。

⑩ 要在预制混凝土构件蒸汽养护之前把吊模和防漏浆的部件拆除。防漏浆部件必须在蒸汽养护之前拆掉。

⑪ 脱模剂应具有良好的隔离效果，且不得影响脱模后混凝土表面的后期装饰。

⑫ 模具暂时不使用时，需在模具上涂刷一层机油，防止腐蚀。

三、脱模剂与缓凝剂

（一）脱模剂

脱模剂又称隔离剂或脱模润滑剂，是一种涂于模板内壁起润滑和隔离作用，使混凝土在拆模时能顺利脱离模板，保持混凝土形状完整无损的物质。同传统的脱模材料——机油或废机油相比，脱模剂具有容易脱模、不污染混凝土表面、不腐蚀模板、涂刷简便、价格低廉等优点。

脱模剂应具有良好的隔离效果，且不得影响脱模后混凝土表面的后期装饰。预制混凝土构件在钢筋骨架入模前，应在模具表面均匀涂抹脱模剂。用石材或面砖饰面的预制混凝土构件应在饰面入模前涂抹脱模剂，饰面与模具接触面不得涂抹脱模剂。艺术造型构件的硅胶造型模具应采用专用的脱模剂。

1. 脱模剂优点

① 良好的脱模性能。拆模时，要求脱模剂能使模板顺利地与混凝土脱离、保持混凝土表面光滑平整、棱角整齐无损。

② 涂敷方便、成模快、拆模后易清洗。脱模剂既能涂刷又能喷涂、成膜快（一般20分钟之内），拆模后容易清除。

③ 不影响混凝土表面装饰效果，混凝土表面不留浸渍印痕、不泛黄变色。

④ 不污染钢筋，对混凝土无害。不影响混凝土与钢筋的握裹力，不改变混凝土拌合物的凝结时间，不含对混凝土性能有害的物质。

⑤ 保护模板、延长模板使用寿命。钢模用脱模剂应具有防止钢模锈蚀及由此导致混凝土表面产生锈斑的作用。

⑥ 具有较好的稳定性。混凝土脱模剂应有较好的稳定性和较长的贮存期。

⑦ 具有较好的耐水性和耐候性。

2. 脱模剂使用注意事项

① 取料时，要遵循用多少取多少，切不可将用剩下的涂料倒回罐内。取料完毕，罐盖要紧闭，以免吸潮变质。

② 脱模剂经搅拌后，需要静置20min，待气泡消失后再进行施工。

③ 涂布工具必须保持干燥清洁。被涂物应保证干燥，不含油污杂物，表面一定要处理好。钢模一定要去锈除油。

④ 涂料的涂布方式可采用刷涂，亦可采用喷涂，且每道不宜涂得太厚，一般以15μm左右为宜。待第一道尚未完全固化之前（用手指按上去有指纹，不粘手为宜）直接涂第二道，这样会使两道结合良好，否则会因底层固化的时间太长而引起剥落脱皮。对固化已久的膜面，必须用砂纸将其打毛后再涂；如涂层局部修补，则只要将该局部周围打毛再涂。每次脱模后，应稍加清理。

⑤ 喷涂时，宜采用无气喷涂工艺，这样不仅效率高，而且不会带入压缩空气中的水、油等杂质。若采用普通的空气喷涂，则必须将空气的水、油污等除净。

（二）缓凝剂

缓凝剂是一种降低水泥或石膏水化速度和水化热、延长凝结时间的添加剂。构件需做粗糙面处理时，直接刷涂到成型模具表面，待混凝土脱模后直接用高压水枪冲洗混凝土表面，达到表面拉毛的效果。涂抹时可适当涂厚，保证冲毛或刷毛质量。

拉毛混凝土浇捣之前，在需要拉毛部位的模具上涂上缓凝剂，再浇捣混凝土。拆除模具后，在需要拉毛的部位用高压水枪冲洗，除去混凝土表面没有凝结牢固的砂浆，使骨料外露。此举克服了采用人工进行拉毛，劳动强度大，效果不理想，造成需要拉毛部位的深浅不一，直接影响了二次浇捣混凝土结合牢固度的明显缺陷。拉毛的劳动强度大大减轻，提高了二次浇捣的混凝土结合牢固度，实现与模具结合面的拉毛工作，有效控制整个预制构件结合牢固度的一致性，从而明显地提高了预制构件的质量。

二维码4　脱模剂和缓凝剂

四、模具安装质量检验

① 用作底模的模台应平整光洁，不得下沉、产生裂缝、起砂或起鼓。

检查数量：全数检查；

检验方法：观察或测量。

② 模具及所用材料、配件的品种、规格等应符合设计要求。

检查数量：全数检查；

检验方法：观察、检查设计图纸要求。

③ 模具的部件与部件之间、模具与模台之间应连接牢固；预制构件上的预埋件均应有可靠固定措施。

检查数量：全数检查；

检验方法：观察，摇动检查。

五、模具准备安装流程

生产前准备→识读图纸、选取模具及作业工具→模具验收及模台清理→划线操作→模具安装→脱模剂与缓凝剂涂刷→模具安装检验

任务二　预制混凝土剪力墙模具安装

【任务说明】

本节以国家建筑标准设计图集《预制混凝土剪力墙外墙板》（15G365-1）中编号为WQ-2728、规格为2700mm×2800mm×300mm、强度等级为C30的夹心墙板为例进行介绍，模板图见配套资源。

一、生产前准备

（一）着装要求（图1-17）

1.佩戴安全帽

① 内衬圆周大小调节到头部稍有约束感为宜。

② 系好下颚带，下颚带应紧贴下颚。松紧以下颚有约束感，但不难受为宜。

2.穿戴劳保工装、防护手套

① 劳保工装做得"统一、整齐、整洁"，并做得"三紧"，即领口紧、袖口紧、下摆紧，严禁卷袖口、卷裤腿等现象。

② 必须正确佩戴手套。

| (a) 安全帽佩戴方法 | (b) 防护手套 | (c) 劳保工装 |

图1-17　着装要求

（二）卫生检查

模台操作空间没有杂物，对作业空间进行清理，将模台上混凝土浮浆、浮灰、油污、铁锈等清理干净。

二、识读图纸、选取模具及作业工具

（1）识读图纸　根据模板图填写模板高度与宽度，见表1-14。

单位：mm

表1-14　模板高度与宽度

外叶板宽度	2680	内模高度	0	内叶板高度	2100
外叶板高度	2780	内模宽度	0	内叶板宽度	2640

（2）模具领取　根据墙板模板图对模具进行认领，见表1-15。企口类型有T形坡口、L形坡口、平斜口、带上槽坡口、带下槽坡口、上企口自由样式。

表1-15　模具认领表　　　　　　　　　　　单位：mm

外叶板模具			
模具固定端	长度	宽度	企口
	2680	100	L形坡口
模具非固定端	长度	宽度	企口
	2680	100	L形坡口
固定端左模具	长度	宽度	企口
	2780	100	无
固定端右模具	长度	宽度	企口
	2780	100	无
内模			
长度	宽度		高度
无	无		无
内叶板模具			
模具固定端	长度	宽度	企口
	2100	200	无
模具非固定端	长度	宽度	企口
	2100	200	无
固定端左模具	长度	宽度	企口
	2640	200	无
固定端右模具	长度	宽度	企口
	2640	200	无

（3）领取工具　相关工具见图1-18。

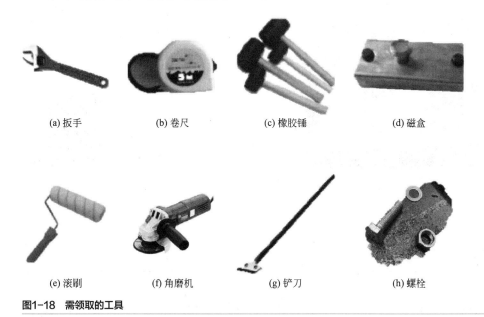

(a) 扳手　　　　　　(b) 卷尺　　　　　　(c) 橡胶锤　　　　　　(d) 磁盒

(e) 滚刷　　　　　　(f) 角磨机　　　　　　(g) 铲刀　　　　　　(h) 螺栓

图1-18　需领取的工具

三、模具验收及模台清理

（1）模具组装前　模板接触面平整度、板面弯曲、拼装间隙、几何尺寸等应满足相关设计要求。

① 用作底模的模台应平整光洁，不得下沉、产生裂缝、起砂或起鼓。

检查数量：全数检查；

检验方法：观察或测量。

② 模具及所用材料、配件的品种、规格等应符合设计要求。

检查数量：全数检查；

检验方法：观察、检查设计图纸要求。

对于变形超过允许偏差的模具一律不得使用，首次使用及大修后的模具应全数检查，使用中的模具应当定期检查，并做好检查记录。模具组装应连接牢固、缝隙严密，组装时应进行表面清洗或涂刷脱模剂。脱模剂使用前确保脱模剂在有效期内，脱模剂必须均匀涂刷。

（2）模具清理　模具组装前应清理干净，不得存有铁锈、油污及混凝土残渣，接触面不应有划痕、锈渍和氧化层脱落等现象（存在油漆、铁锈等杂物，应使用角磨机进行打磨）。尤其要注意将底模、侧模与侧模接合处的灰浆和粘贴的胶条等杂物清理干净。

模板与混凝土接触面用棉丝擦拭干净。底模侧边内镶嵌的密封条每番更换一次，打完一番清理干净后再重新粘贴。模台油污较多时，使用脱模剂反复清洗模台2遍，保证模台表面的残渣、锈斑等杂物全部清理干净。

（3）模台清理　流转模台上有清理模台的清理设备，模台通过设备时，刮板降下来铲除残余混凝土，另一侧圆盘滚刷扫掉表面浮灰；对残余的大块混凝土要提前清理掉；人工清理模台需要用腻子刀或其他铲刀清理，需要注意模台要清理彻底，对残余的大块混凝土要小心清理，防止损伤模台，见图1-19。

二维码5　生产前准备

图1-19　模台清理

四、划线操作

（1）人工划线　使用工具有墨盒、钢卷尺、角尺、铅笔。根据图纸尺寸，使用工具墨盒等进行划线。按照工序在模台上画出作为基准的必需线，然后依次画出其他边线。

（2）划线机划线　操作根据图纸录入，按照程序进行画线。图 1-20 为划线机。

图1-20　划线机

五、模具安装

（1）模具摆放　依据模台划线位置进行模具摆放，根据生产规划合理组合模具，充分利用模台。使用扳手、螺栓将相邻模具进行初固定（图 1-21），固定端直接终固定。按照模具预留的固定孔位，使用相应的螺栓。

图1-21　模具初固定

（2）模具校正　使用钢卷尺、塞尺、钢直尺、橡胶锤等，检测模具组装长度、宽度、高度、对角线、组装缝隙、模具高低差等是否符合要求，若超出误差范围则用橡胶锤进行调整。

（3）模具固定　使用橡胶锤、磁盒、扳手等进行模具固定，依次终固定螺栓和磁盒，见图 1-22。

图1-22　模具终固定

模具组装时，应注意不要暴力安装，一定要将各个螺栓对准与之对应的螺母后再试拧，发现丝扣摆放不正时，应及时卸下重新安装紧固。紧固的力量合适即可，不可过大或者拧固不紧。带有销孔、销轴的模具，可先将销轴与销孔定位，然后再安装紧固螺栓。用磁盒将模具固定在模台上，固定完后应检查磁盒是否固定牢固。当模具与平台间有缝隙时，可打密封胶封堵。

预制剪力外墙模具安装按生产顺序，一般先铺设外叶墙板模具，外叶墙板混凝土浇筑完并铺设保温板后进行内叶墙板的模具摆放。内外叶模具间用紧固件固定拧紧。

小贴士

固定磁盒是由铁硼磁铁和经过发黑处理的铁盒组成，可以推或拉上面的按钮使之进行黏结或分离钢贴与磁盒。磁盒固定牢固、无松动。定位螺钉以及定位销等必须上紧上牢，不能遗漏。

六、脱模剂与缓凝剂涂刷

模具、模台接触混凝土面的部位应刷脱模剂。刷脱模剂需使用滚刷，应先涂刷模具，再涂刷模台，见图1-23。

外叶墙板模具接触混凝土面部位刷脱模剂；内叶墙板模具因四面为水洗粗糙面，在粗糙面的边模内侧刷缓凝剂。涂刷时避免缓凝剂流到平台上。当缓凝剂流到平台上时，应用洁净的水清洗干净。

图1-23　涂刷脱模剂

二维码6　模具安装
组装流程

七、模具安装验收

预制墙板模具安装尺寸的允许偏差和检验方法应符合项目六表6-1的要求，并填写"预制墙板类构件模具质量检验记录"，详见项目六任务二。

知识拓展

　　在使用前应检测平台的平整度，每块平台的检测点不得少于6处，误差不得大于2mm。在生产期内，根据平台的使用频率应经常检测平台的平整度，并且每月检测不得少于1次。

【任务评价】

班级		姓名		学号	
考核项目		考核内容		评分等级（A、B、C）	
生产准备工作	劳保用品准备	佩戴安全帽			
		穿戴劳保工装、防护手套			
	图纸识读及选取模具和工具	图纸识读			
		模具选型正确、数量准确			
		工具选择			
	模具验收及清理	模具验收方法			
		模具清理			
模具组装工艺流程	依据图纸在模台进行划线	使用划线工具（墨盒、钢卷尺、角尺、铅笔），线盒加水，规范划线			
	依据模台划线位置进行模具摆放	根据划线正确摆放模具			
	模具初固定操作	正确使用工具（扳手、螺栓），相邻模具初固定，墙板固定端直接终固定			
	模具测量校正	使用工具（钢卷尺、塞尺、钢直尺、橡胶锤等），检测模具组装长度、宽度、高（厚）度、对角线、组装缝隙、模具间高低差等是否符合要求，若超出误差范围则用橡胶锤进行调整			
	模具终固定操作	正确使用工具（橡胶锤、磁盒、扳手），依次终固定螺栓和磁盒。相邻模具固定牢固、无松动			
	模台、模具涂刷脱模剂及缓凝剂	正确使用工具（滚筒），先涂刷模具，再涂刷模台。根据不同构件类型选择不同材料（脱模剂、缓凝剂），模台粉刷脱模剂，内剪力墙、叠合板模具涂刷缓凝剂，梁、柱模具涂刷脱模剂和缓凝剂			

任务三　预制混凝土叠合板模具安装

【任务说明】

　　本节以国家建筑标准设计图集《桁架钢筋混凝土叠合板（60mm厚底板）》（15G366-1）中编号为 DBS2-67-3012-11、抗震等级一级的构件为例进行介绍，模板图见配套资源。

一、生产前准备

（1）着装要求　相关着装要求同项目一任务二"生产前准备"，本处不再赘述。

（2）卫生检查　模台操作空间没有杂物。对作业空间进行清理时，将模台上混凝土浮浆、浮灰、油污、铁锈等清理干净。

二、识读图纸、选取模具及作业工具

（1）识读图纸、模具领取　根据模板图确认模板的跨度为2820mm，宽度为900mm。

根据叠合板模板图对模具进行认领，见表1-16。企口类型有T形坡口、L形坡口、平斜口、带上槽坡口、带下槽坡口、上企口自由样式。

表1-16　模板认领表　　　　　　　　　　　　　　　　单位：mm

模具固定端	长度	宽度	企口
	2820	60	无
模具非固定端	长度	宽度	企口
	2820	60	无
固定端左模具	长度	宽度	企口
	900	60	无
固定端右模具	长度	宽度	企口
	900	60	无

（2）领取工具　相关工具同图1-18，本处不再赘述。

三、模具验收及模台清理

（1）模具组装前　模板接触面平整度、板面弯曲、拼装间隙、几何尺寸等应满足相关设计要求。

① 用作底模的模台应平整光洁，不得下沉、产生裂缝、起砂或起鼓。

检查数量：全数检查；

检验方法：观察或测量。

② 模具及所用材料、配件的品种、规格等应符合设计要求。

检查数量：全数检查；

检验方法：观察、检查设计图纸要求。

叠合板构件模具制作宜采用钢模具，组装后模具高度误差控制在 ±2mm 以内，长度、宽度误差控制在 -3 ～ 0mm 以内。

首先对新制、大修后的模具进行全数检查，进厂使用前应逐套检查验收。然后对模具目测检查，检查其设计是否合理、是否有足够的刚度及整体稳定性、浇筑收面是否便于生产操作、是否便于支拆脱模、固定埋件等配件是否坚固不易变形等。还需检查模具在组装后规格尺寸、埋件定位偏差等项目，各项检查应符合厂内及相关规范模具验收标准。

（2）模具清理　模具组装前应清理干净，不得存有铁锈、油污及混凝土残渣，接触面不应有划痕、锈渍和氧化层脱落等现象（存在油漆、铁锈等杂物，应使用角磨机进行打磨）。尤其要注意将底模、侧模与侧模接合处的灰浆和粘贴的胶条等杂物清理干净。

模板与混凝土接触面用棉丝擦拭干净。底模侧边内镶嵌的密封条每番更换一次，打完一番清理干净后再重新粘贴。模台油污较多时，使用脱模剂反复清洗模台2遍，保证模台表面的残渣、锈斑等杂物全部清理干净。

定位螺钉以及定位销等必须上紧上牢，不能遗漏。

（3）模台清理　模台使用之前，应先对模台底板进行质量验收，控制底板平整度及扭翘值（使用塞尺和2m靠尺测量其平整度，误差应控制在2mm以内；使用鱼线和四个高度一致的垫块测其扭翘值，误差控制在3mm以内），与混凝土接触钢板应平整，无锈蚀斑点、麻坑。加工制作过程中，严禁在面上焊接打火及磁力钻底座直接吸附。验收合格后方可使用。

流转模台上如有清理模台的清理设备，当模台通过设备时，刮板降下来铲除残余混凝土，另一侧圆盘滚刷扫掉表面浮灰；对残余的大块混凝土要提前清理掉。

人工清理模台需要用腻子刀或其他铲刀清理，注意清理模具要彻底，对残余的大块混凝土要小心清理，防止损伤模台。

四、划线操作

（1）人工划线　根据图纸尺寸，使用工具墨盒、钢卷尺、角尺、铅笔等进行划线。按照工序在模台出口处画出作为基准的必需线，然后依次画出其他边线。

（2）划线机划线　操作根据图纸录入，按照程序进行画线。

五、模具安装

（1）模具摆放　依据模台划线位置进行模具摆放，根据生产规划合理组合模具，充分利用模台。使用扳手、螺栓将相邻模具进行初固定，固定端直接终固定。按照模具预留的固定孔位，使用相应的螺栓。

每个模台组装各型号模具时（包含后期所要更改的型号），应注意外露筋伸出模台长度及模具之间间距，避免外露筋伸出模台过长。模台入窑时如剐蹭窑门或立柱，会影响生产进度或损坏构件。

侧模与底模之间采用螺栓连接，侧模与侧模之间采用拉丝或者螺栓连接，必要时采用定位螺栓，保证支模尺寸的准确。对于底板带有 50mm×5mm 凹槽模具，采用标准 50mm×5mm 钢板条放坡 1～2mm 或磁力橡胶条，使用垫块等物品临时固定在底模上即可。图 1-24 为预制叠合楼板模具摆放。

图1-24　预制叠合楼板模具摆放

（2）模具校正　使用钢卷尺、塞尺、钢直尺、橡胶锤等，检测模具组装长度、宽度、高度、对角线、组装缝隙、模具高低差等是否符合要求，若超出误差范围则用橡胶锤进行调整。

（3）模具固定　使用橡胶锤、磁盒、扳手等，依次终固定螺栓和磁盒。

模具组装时，应注意不要暴力安装，一定要将各个螺栓对准与之对应的螺母试拧，发现丝扣摆放不正时，应及时卸下重新安装紧固。紧固的力量合适即可，不可过大或者拧固不紧。带有销孔、销轴的模具，可先将销轴与销孔定位，然后再安装紧固螺栓。用磁盒将模具固定在模台上，固定完后检查磁盒是否固定牢固。当模具与平台间有缝隙时，可打密封胶封堵。

六、脱模剂与缓凝剂涂刷

模具组装连接牢固、缝隙严密后，模具、模台接触混凝土面部位刷脱模剂。

进行表面清洗、涂刷脱模剂，脱模剂使用前确保脱模剂在有效期内，脱模剂必须均匀涂刷。要严格控制脱模剂涂刷量，避免浪费。脱模剂涂刷变干后方可放入钢筋，防止污染钢筋。

需做粗糙面处理的侧模，距底板 10mm 不涂刷缓凝剂，以上全部区域均匀涂刷缓凝剂，可适当涂厚，保证冲毛或刷毛质量。待缓凝剂呈非流动状态时方可浇筑混凝土。

七、模具安装验收

预制叠合板模具安装尺寸的允许偏差和检验方法应符合任务六项目二表 6-2 规定。

【任务评价】

班级			姓名			学号	
考核项目			考核内容			评分等级（A、B、C）	
生产准备工作	劳保用品准备	佩戴安全帽					
		穿戴劳保工装、防护手套					
	图纸识读及选取模具和工具	图纸识读					
		模具选型正确、数量准确					
		工具选择					
	模具验收及清理	模具验收方法					
		模具清理					
模具组装工艺流程	依据图纸在模台进行划线	使用划线工具（墨盒、钢卷尺、角尺、铅笔），线盒加水，规范划线					
	依据模台划线位置进行模具摆放	根据划线正确摆放模具					
	模具初固定操作	正确使用工具（扳手、螺栓），相邻模具初固定，墙板固定端直接终固定					
	模具测量校正	使用工具（钢卷尺、塞尺、钢直尺、橡胶锤等），检测模具组装长度、宽度、高（厚）度、对角线、组装缝隙、模具间高低差等是否符合要求，若超出误差范围则用橡胶锤进行调整					
	模具终固定操作	正确使用工具（橡胶锤、磁盒、扳手），依次终固定螺栓和磁盒。相邻模具固定牢固、无松动					
	模台、模具涂刷脱模剂、缓凝剂	确使用工具（滚筒），先涂刷模具，再涂刷模台。根据不同构件类型选择不同材料（脱模剂、缓凝剂），模台粉刷脱模剂，叠合板模具涂刷缓凝剂					

任务四　预制混凝土楼梯板模具准备安装

【任务说明】

本节以国家建筑标准设计图集《预制钢筋混凝土板式楼梯》（15G367-1）中编号为 ST-30-25、规格 2880mm×1250mm×1680mm、强度等级 C30 的构件为例进行介绍，模板图见配套资源。

一、生产前准备

相关要求同项目一任务二"生产前准备"，本处不再赘述。

二、识读图纸、选取模具及作业工具

识读图纸、领取模具后，选择楼梯钢模。除采用图 1-18 的工具外，还需使用角磨机、棉丝。

三、模具验收及模台清理

（1）模具组装前　模板接触面平整度、板面弯曲、拼装间隙、几何尺寸等应满足相关设计要求。模具及所用材料、配件的品种、规格等应符合设计要求。

检查数量：全数检查；

检验方法：观察、检查设计图纸要求。

首先对新制、大修后的模具进行全数检查，进厂使用前应逐套检查验收。然后对模具目测检查，检查其设计是否合理、是否有足够的刚度及整体稳定性、浇筑收面是否便于生产操作、是否便于支拆脱模、固定埋件等配架是否坚固不易变形等。还需检查模具在组装后规格尺寸、埋件定位偏差等项目，各项检查应符合厂内及相关规范模具验收标准。

板面维修：用靠尺、塞尺检查表面平整情况，防止模板变形过大造成构件出池后发生扭翘。模板垂直度不得大于 3mm，平整度不得大于 2mm。板面平整度超过 2mm 的模板需要在钢平台上平整板面，禁止用铁锤直接捶打板面。对板面的孔洞用 2.5mm 厚钢板进行堵塞，补焊找平，再用角磨机打磨平整。

板肋维修：对模板肋变形部位进行调直，边肋不得超出凸棱，对脱焊部位补焊加固，焊脚长度不小于 2mm，焊缝长度不小于 10mm。边肋不全的模板可拆除报废模板肋板补齐，边肋孔洞需用钢板进行堵塞，焊口需满焊以保证模板刚度。板肋高度不得超过模板设计厚度，边肋打磨时严禁用砂轮机打磨面板凸棱。

最后填写模具质量检验记录。

（2）模具清理　模板清渣、除锈时，先用扁铲清理模板上的灰块，然后用角磨机清理模板上的灰渣和浮锈，角磨机打磨不到位的部位用钢刷清灰、除锈，要求清理彻底，不留死角。

模板内的混凝土渣（尤其是积于踏步阴阳角处的混凝土及底模、侧模与侧模接合处的灰浆和粘贴的胶条）等杂物用角磨机、钢丝刷或铲子清除干净，转角处麻面用砂纸打磨光滑。模板与混凝土接触面用棉丝擦拭干净。

四、脱模剂与缓凝剂涂刷

钢模板清理干净后喷涂脱模剂。因油性脱模剂会对外露混凝土面造成污染，脱模剂采用水性蜡质脱模剂，用喷雾器将脱模剂均匀一致地喷涂于内模板面，喷涂完成后应对模板底部流坠下的积液用棉丝进行擦拭，防止污染钢筋和混凝土。

五、模具合模

在模具底边封堵胶条，观察模具底面合模后封堵胶条是否完整、有损坏。发现损坏后，应用树脂胶或海绵胶条及时修复，并检查合模后情况。可采用淋水方法检查，即楼梯模具合模后，往里灌水，观察底模处漏水情况。此步骤每次都应检查，需重点关注。

六、模具安装验收

① 检验项目：梯段及平台宽度、厚度、斜长、梯段厚度，踏步高度、宽度、平整度，休息平台厚度、宽度，预埋件中心线位置、螺栓位置，楼梯底面表面平整度。

② 检验要求：严格按照图纸设计尺寸进行检验，误差范围必须在图纸要求范围内，超出允许误差的及时调整并复验，合格后方可进行下一步施工。

③ 检验方法及数量：跟踪检测、全数检查。

④ 检验工具：钢尺、施工线、吊锤、靠尺、塞尺。

【任务评价】

班级		姓名		学号	
考核项目		考核内容		评分等级（A、B、C）	
生产准备工作	劳保用品准备	佩戴安全帽			
		穿戴劳保工装、防护手套			
	图纸识读及选取模具和工具	图纸识读			
		模具选型正确、数量准确			
		工具选择			
	模具验收及清理	模具验收方法			
		模具清理			
模具组装工艺流程	模台、模具涂刷脱模剂	正确使用工具（滚筒），先涂刷模具，再涂刷模台。模具涂刷脱模剂			
		安装验收			

【项目测试】

一、单项选择题

1. 预制混凝土剪力墙内墙编号为 NQM1-3028-0921 的构件识读为（　　）。

　　A. 固定门垛内墙-标志宽度为3000mm-层高2800mm-门宽900mm-门高2100mm

  B. 固定门垛内墙-标志宽度为3000mm-层高2800mm-门宽900mm

  C. 固定门垛内墙-标志宽度为3000mm-层高2800mm

  D. 固定门垛内墙-标志宽度为3000mm

2. 在平面布置图中，内墙板用（   ）表示装配方向。

  A. ★   B. ▲

  C. ■   D. ♣

3. 以下图例中，（   ）表示保温层。

  A.   B.

  C.   D.

4. 对新制、大修后的模具进行（   ）检查，进厂使用前应逐套检查验收。

  A. 抽查   B. 全数

  C. 外叶墙板   D. 层高

二、多项选择题

1. 预制混凝土剪力墙外墙由（   ）组成。

  A. 内叶墙板   B. 保温层

  C. 外叶墙板   D. 层高

2. 预制混凝土剪力外墙编号识读具体为：

  WQ   － ×× － ××

  （   ）－（   ）－（   ）

  A. 无洞口外墙   B. 一个窗洞外墙

  C. 标志宽度   D. 层高

3. 预制内墙板对应层高分别为（   ）。

  A. 2.8m   B. 2.9m

  C. 3.0m   D. 3.1m

4. 预制混凝土叠合板由（   ）组成。

  A. 底板   B. 后浇叠合层

  C. 桁架钢筋   D. 底筋

5. ST-28-25 表示（   ），建筑层高（   ），楼梯间净宽（   ）所对应的预制混凝土板式双跑楼梯梯段板。

  A. 双跑楼梯   B. 剪刀楼梯

  C. 2.5m   D. 2.8m

6. 作业生产前一定要（   ）。

  A. 佩戴安全帽   B. 穿戴劳保工装

  C. 正确佩戴防护手套   D. 进行卫生检查

7. 进行模具固定操作时，使用（   ）等进行模具固定。

  A. 橡胶锤   B. 磁盒

  C. 扳手   D. 棉丝

8. 模具组装前，模板（　　　）等应满足相关设计要求。

  A. 接触面平整度　　　　　　　　B. 板面弯曲

  C. 拼装间隙　　　　　　　　　　D. 几何尺寸

三、简答题

1. 脱模机涂刷时有哪些注意事项？
2. 简述缓凝剂作用。
3. 简述模具安装流程。
4. 简述模具固定时的注意事项。

项目 二

钢筋绑扎与预埋件预埋

知识目标
1. 了解钢筋和预埋件类型；
2. 掌握配筋图识读、钢筋连接、钢筋加工的方法；
3. 掌握钢筋绑扎与预埋件安装工艺流程。

技能目标
1. 能够进行钢筋加工；
2. 能够进行构件钢筋、预埋件的正确摆放与检验。

素质目标
1. 培养学生依据工作手册进行钢筋绑扎和预埋件预埋的业务素质；
2. 培养学生在工作中专心致志的"工匠精神"。

任务一　夯实基础

装配式混凝土结构施工宜采用专业化生产的成型钢筋与预埋件。装配式混凝土结构采用的钢筋连接及预埋件形式应根据设计要求和施工条件选用。

一、钢筋及预埋件

（一）钢筋

1. 按照钢筋外形与等级进行分类

钢筋种类可以分为低合金钢筋（HRB）、余热处理钢筋（RRB）、细晶粒钢筋（HRBF）。其中，H、P、R、B、F、E 分别为热轧（Hotrolled）、光圆（Plain）、带肋（Ribbed）、钢筋（Bar）、细粒（Fine）、地震（Earthquake）5 个英文单词的首字母。后面的数代表屈服强度，单位为 MPa。钢筋牌号后加"E"为抗震专用钢筋。表 2-1 为钢筋等级强度及钢筋类型。

2-1　钢筋等级及钢筋牌号

钢筋等级	软件代号	钢筋牌号
Ⅰ级钢筋（Φ）	A	HPB300：热轧光圆钢筋，强度为300MPa
Ⅱ级钢筋（Φ）	B	HRB335（E）：热轧带肋钢筋，强度为335MPa； RRB335（Φ^R）：余热处理带肋钢筋，强度为335MPa； HRBF335（E）（Φ^F）：细晶粒热轧带肋钢筋，强度为335MPa
Ⅲ级钢筋（Φ）	C	HRB400（E）：热轧带肋钢筋，强度为400MPa； RRB400：余热处理带肋钢筋，强度为400MPa； HRBF400（E）：细晶粒热轧带肋钢筋，强度为400MPa
Ⅳ级钢筋（Φ）	E	HRB500（E）：热轧光圆钢筋，强度为500MPa； RRB500：余热处理带肋钢筋，强度为500MPa； HRBF500（E）：细晶粒热轧带肋钢筋，强度为500MPa

其中，高强钢筋是指抗拉屈服强度达到400MPa及以上的螺纹钢筋，具有强度高、综合性能优的特点。

冷轧带肋钢筋按延性高低分为冷轧带肋钢筋（CRB）和高延性冷轧带肋钢筋（CRB+抗拉强度特征值+H）。C、R、B、H分别为冷轧（Cold rolled）、带肋(Ribbed)、钢筋（Bar）、高延性（High elongation）四个词或词组的首字母。冷轧带肋钢筋牌号分为CRB550、CRB650、CRB800、CRB600H、CRB680H和CRB800H六个牌号。CRB550、CRB600H为普通钢筋混凝土用钢筋，CRB650、CRB800、CRB800H为预应力混凝土钢筋，CRB680H既可作为普通钢筋混凝土用钢筋，也可作为预应力混凝土用钢筋使用。

2. 按作用分类

① 受力筋：承受拉、压应力的钢筋，用于梁、板、柱等各种钢筋混凝土构件。梁、板的受力筋还分为直筋和弯筋两种。

② 钢箍（箍筋）：承受一部分斜拉应力，并固定受力筋的位置，多用于梁和柱内。

③ 架立筋：用以固定梁内钢箍位置，构成梁内的钢筋骨架。

④ 分布筋：用于屋面板、楼板内，与板的受力筋垂直布置，将承受的重量均匀地传给受力筋，并固定受力筋的位置，以及抵抗热胀冷缩所引起的温度变形。

⑤ 其他：因构件构造要求或施工安装需要而配制的构造筋，如腰筋、预埋锚固筋、吊环等。

为了保护钢筋、防腐蚀、防火以及加强钢筋与混凝土的粘接力，在构件中的钢筋外面要留有保护层。根据《混凝土结构设计规范》（2015年版）规定，梁、柱的保护层最小厚度为25mm，板和墙的保护层厚度为10～15mm。

如果受力筋用光圆钢筋，则两端要设弯钩，以加强钢筋与混凝土的粘接力，避免钢筋在受拉时滑动。带纹钢筋与混凝土的粘接力强，两端不必设弯钩。钢筋端部的弯钩常用两种形式：带有平直部分的半圆弯钩、直弯钩。

（二）预埋件

预先安装在预制构件中的，起到保温、减重、吊装、连接、定位、锚固、通水通电通气、互动、便于作业、防雷防水、装饰等作用的构件，都叫作预埋件。

按照预埋件用途可将其分为以下几类：

① 结构连接件：连接构件与构件（钢筋与钢筋），或起到锚固作用的预埋件。如灌浆套筒、钢筋锚固板、直螺纹套筒、金属波纹管、塑料波纹管、拉结件，见图 2-1。

(a) 灌浆套筒   (b) 钢筋锚固板   (c) 金属波纹管   (d) 拉结件

图2-1　结构连接件

② 支模吊装件：便于现场支模、支撑、吊装的预埋件。如吊钉，见图 2-2。

③ 填充物：起到保暖、减重，或填充预留缺口的预埋件。如 XPS 保温板、聚氨酯保温板。

④ 水电暖通等功能件：通水、通电、通气或连接外部互动部件的预埋件。如线管、接线盒、电箱及附件、套管、地漏，见图 2-3。

图2-2　吊钉

(a) 线盒   (b) 套管

图2-3　水电暖通等功能件

⑤ 其他功能件：利于防水、防雷、定位、安装等的预埋件。

二维码7　预埋件

二、配筋图识读

配筋图中包含构件配筋平面图以及各个剖面图，配筋表中说明了钢筋类型、钢筋编号、钢筋加工尺寸以及备注。某预制剪力外墙配筋图见图 2-4。

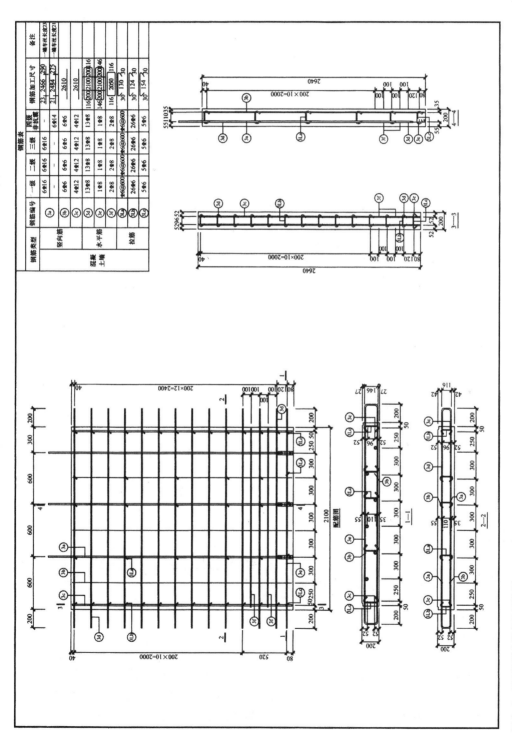

图2-4　某预制剪力墙外墙配筋图

钢筋混凝土构件图示方法中，钢筋的标注一般采用引出线的方法，具体有以下两种标注方法：

① 标注钢筋的根数、直径和等级，例如 2ϕ16，其中 2 表示钢筋的根数；ϕ 表示钢筋等级符号；16 表示钢筋直径，单位为 mm。

② 标注钢筋的等级、直径和相邻钢筋中心距，例如 ϕ8@200，其中 ϕ 表示钢筋等级符号；8 表示钢筋直径，单位为 mm；@ 为相等中心距符号；200 为相邻钢筋的中心距，单位为 mm。

面层混凝土面板内应配置构造钢筋网，钢筋网可采用直径 5 ～ 6mm 的冷轧带肋钢筋焊接网，网孔尺寸宜为 100 ～ 150mm。冷轧带肋钢筋网片加工可用电阻点焊成型。

三、钢筋加工

图2-5　钢筋盘圆

钢筋入场后需要根据预制构件的钢筋需求进行钢筋加工，一般是盘圆（图2-5），使用时用专门的机器调直。钢筋加工生产线宜采用自动化数控设备，如自动弯箍机、钢筋网片机等，提高钢筋加工的精度、质量和效率；钢筋加工半成品应集中妥善放置，便于后期调度使用。钢筋切断、成型要符合《钢筋焊接及验收规程》（JGJ 18—2012）的要求，并且符合图纸说明中标注的尺寸要求。

进厂钢筋单独码放并标识，并制作标识牌。按照相关要求进行检验，验收合格后方可使用，不合格品必须做退场处理。

钢筋原材料标识牌应包含：材料名称、规格型号、产地、进厂日期、试验编号、试验状态（待检、合格、不合格）。

钢筋半成品、成品应明确标识，严禁混用。钢筋半成品、成品标识牌应包括：材料名称、规格型号、项目名称、构件类型、钢筋编号、加工尺寸、数量、加工日期。

钢筋加工一定要达到安全生产文明施工要求，遵守车间安全规定。

> **小贴士**
>
> 钢筋严重锈蚀，不仅影响钢筋与混凝土之间的粘接作用，而且会降低构件的承载力，所以钢筋除锈是钢筋加工中必不可少的工序。

（一）钢筋除锈

钢筋的表面应洁净。油渍、漆污和用锤敲击时能剥落的浮皮、铁锈等应在使用前清除干净。钢筋应平直，表面不应有裂纹，钢筋外表有严重锈蚀、麻坑、裂纹夹砂和夹层等缺陷时，应予剔除不得使用。钢筋除锈的方法有以下两种：

① 钢筋冷拉或使用钢筋调直机；

② 使用电动除锈机或人工用钢丝刷、砂盘以及喷砂和酸洗等。

（二）钢筋算料

首先要熟悉图纸，根据构件图纸上反应的钢筋形状、长度等要求，合理配料。如有弯钩或弯起钢筋，应加其长度，并扣除钢筋弯曲成型的延伸长度，拼配钢筋实际需要长度。同直径同钢号不同长度的各种钢筋，编号应先按顺序填写配料表，再根据调直后的钢筋长度，统一配料，以便减少钢筋的断头废料和焊接量。

钢筋因弯曲或弯钩会使其长度变化，在配料中不能直接根据图纸中尺寸下料；必须了解对混凝土保护层、钢筋弯曲、弯钩等的规定，再根据图中尺寸计算其下料长度。目前多数钢筋长度采用下式计算：

① 直钢筋下料：下料长度 = 构件长度 − 保护层厚度 + 弯钩增加长度。

② 弯起钢筋下料：下料长度 = 直段长度 + 斜段长度 + 弯钩增加长度 − 弯曲调整值。

③ 箍筋下料：下料长度 = 箍筋周长 + 弯钩增加长度 ± 弯曲调整值。

钢筋弯曲调整值见表 2-2，钢筋弯钩增加长度见表 2-3。

表2-2　弯曲调整值

钢筋弯曲角度	30°	45°	60°	90°	135°
钢筋弯曲调整值	0.35d	0.5d	0.85d	2d	2.5d

注：d为钢筋直径，钢筋弯曲调整值在实际加工过程中与钢筋级别、弯钩形状、弯曲角度、钢筋直径以及弯曲直径大小相关。

表2-3　弯钩增加长度

钢筋弯曲角度	90°	135°	180°
钢筋弯钩增加长度	平直长度+0.5d	平直长度+1.9d	平直长度+3.25d

注：d为钢筋直径，在实际加工过程中，钢筋弯钩增加长度与钢筋级别、弯钩形状、弯曲角度、钢筋直径以及弯曲直径大小相关。

（三）钢筋加工

1. 钢筋调直

钢筋调直宜采用机械方法，也可以采用冷拉。对局部曲折、弯曲或成盘的钢筋在使用前应加以调直。钢筋调直方法很多，常用的方法是使用卷扬机拉直和用调直机调直。图 2-6 为调直机。

图2-6　调直机

当采用冷拉方法调直时，HPB300光圆钢筋的冷拉率不宜大于4%，HRB335、HRB400、RRB400钢筋的冷拉率不宜大于1%。钢筋调直过程中，不应损伤带肋钢筋的横肋。调直后的钢筋应平直，不应有局部弯折。

2. 钢筋切断

切断前，应将同规格钢筋长短搭配，统筹安排，一般先断长料，后断短料，以减少短头和损耗；钢筋的切断方法分为手动切断和自动切断两种，在切断过程中，如发现钢筋有劈裂、缩头或严重的弯头等必须切除；发现钢筋的硬度与该钢筋品种有较大的出入，宜做进一步的检查。

钢筋下料要求端部平直，不得有马蹄形或起弯等现象，钢筋切割断面垂直于钢筋轴线。使用切割机切割下料，严禁用钢筋截断机断料。

图2-7　弯筋机弯曲钢筋

3. 钢筋弯曲

钢筋弯曲的顺序是画线、试弯、弯曲成型。画线主要根据不同的弯曲角在钢筋上标出弯折的部位，以外包尺寸为依据，扣除弯曲量度差值。钢筋弯曲有人工弯曲和机械弯曲两种，机械弯曲见图2-7。

① 弯曲钢筋时，应先反复修正并完全符合设计的尺寸和形状，将之作为样板（筋）使用，然后进行正式加工生产。

② 弯筋机弯曲钢筋时，在钢筋弯到要求角度后，先停机再逆转取下弯好的钢筋，不得在机器向前运转过程中，立即逆向运转，以免损坏机器。钢筋弯折应一次成型，不得反复弯折。

知识拓展

弯曲后的钢筋存放时，应注意下列要求：

① 钢筋成型后，应详细检查尺寸和形状，并注意有无裂纹；

② 同一类型钢筋应存放在一起，一种类型钢筋加工完成后，应捆绑好，并挂上编号标签，写明钢筋规格尺寸，必要时应注明使用的工程项目名称；

③ 成型的钢筋，如需两根扎结或焊接者，应捆在一起。

---

4. 钢筋套丝

套丝是钢筋连接采用机械连接时，钢筋连接的两头需要绞丝，安装套筒连接用。

加工线头的牙形、螺距必须与连接套的牙形、螺距一致，有效丝扣段内的秃牙部分累计长度小于一扣周长，并经技术员检测合格。

滚压直螺纹时，采用水溶性切削润滑液，当气温低于0℃时，掺入15%～20%的亚硝酸钠，严禁用机油作切削润滑液滚压丝头。

钢筋套丝要在套丝机上进行，应逐个目测检查套丝质量，并抽检10%丝头，用螺纹规进行检查，纹套筒生产技术要求见表2-4。

表2-4　纹套筒生产技术要求

钢筋直径/mm	螺纹长度/mm	套筒长度/mm	套筒外径/mm	螺纹规格	拧紧力矩值/（N·m）	丝扣数
14	21.0	156.0	40.0	M14.5×2.0	≥100	12
16	23.0	174.0	42.0	M16.5×2.0	≥100	13
18	25.5	193.0	45.0	M18.7×2.5	≥200	12
20	28.0	211.0	48.0	M20.7×2.5	≥200	13

5. 钢筋加工质量要求

相关要求见表2-5，加工完毕后填写"钢筋半成品质量检验记录"（见配套资源）。

表2-5　钢筋半成品外观质量要求

项次	工序名称	检验项目		质量要求
1	冷拉	钢筋表面裂纹、断面明显粗细不均匀		不应有
2	冷拔	钢筋表面斑痕、裂纹、纵向拉痕		不应有
3	调直	钢筋表面划伤、锤痕		不应有
4	切断	断口马蹄形		不应有
5	冷锻	锻头严重裂纹		不应有
6	热锚	夹具处钢筋烧伤		不应有
7	弯曲	弯曲部裂纹		不应有
8	点焊	脱点、漏点	周边两行	不应有
9			中间部位	不应有相邻两点
10		错点伤筋、起弧蚀损		不应有
11	对焊	接头处表面裂纹、卡具部位钢筋烧伤		HPB300钢筋有轻微烧伤；HRB400、HRB500钢筋不应有
12	电弧焊	焊缝表面裂纹、较大凹陷、焊瘤、药皮不净		不应有

四、钢筋连接

预制构件的钢筋连接可采用钢筋套筒灌浆连接接头、浆锚搭接连接接头和机械连接接头。钢筋套筒灌浆连接接头应符合现行行业标准《钢筋套筒灌浆连接应用技术规程》（JGJ 355—2015）的规定。

二维码8　钢筋加工

（一）钢筋套筒灌浆连接

钢筋连接用灌浆套筒，是通过水泥基灌浆料的传力作用将钢筋对接连接所用的金属套筒，简称灌浆套筒，包括全灌浆套筒和半灌浆套筒。全灌浆套筒两端钢筋均采用灌浆方式连接；半灌浆套筒的一端钢筋采用非灌浆方式连接，另一端钢筋采用灌浆方式连接。

在灌浆套筒中可插入单根带肋钢筋并注入灌浆料拌和物，通过拌和物硬化形成整体并实现传力的钢筋对接。

（二）钢筋浆锚搭接连接

在预制混凝土构件中预留孔道，在孔道中插入需连接的钢筋，并灌筑水泥基灌浆料而实现传力的钢筋搭接连接方式。浆锚搭接连接接头应符合现行有关标准的规定。

（三）钢筋机械连接

钢筋机械连接接头应符合现行行业标准《钢筋机械连接技术规程》（JGJ 107—2016）的规定。钢筋机械连接接头部位的混凝土保护层厚度宜符合现行国家标准《混凝土结构设计规范》（2015 年版）（GB 50010—2010）中受力钢筋的混凝土保护层最小厚度的规定，且不应小于 0.75 倍钢筋最小保护层厚度和 15mm 的较大值。必要时应采取防锈措施，接头之间的横向净距不宜小于 25mm。

钢筋机械连接是通过钢筋与连接件的机械咬合作用或者钢筋端面的承压作用，将一根钢筋中的力传递至另一根钢筋的连接方法。

二维码9　钢筋连接

五、钢筋、预埋件检验

在钢筋、预埋件入模安装固定后，浇筑混凝土前，应进行构件的隐蔽工程质量检查，其内容包括：

① 钢筋的牌号、规格、数量、位置和间距等；

② 纵向受力钢筋的连接方式、接头位置、接头质量、接头面积百分率、搭接长度、锚固方式、锚固长度等；

③ 箍筋、横向钢筋的弯折角度及平直段长度；

④ 预应力筋、锚具的品种、规格、数量、位置等；

⑤ 预留孔道的规格、数量、位置，灌浆孔、排气孔、锚固区局部加强构造等；

⑥ 预埋件、吊环、插筋的规格及外露长度、数量和位置等；

⑦ 灌浆套筒、预留孔洞的规格、数量和位置等；

⑧ 保温层位置和厚度，保温连接件的规格、数量、位置、方向、垂直度、锚固深度、保护层厚度、固定方式等；

⑨ 预埋线盒和线管的规格、数量、位置及固定措施；

⑩ 钢筋保护层。

灌浆套筒应按现行行业标准《钢筋套筒灌浆连接应用技术规程》（JGJ 355—2015）的规定进行进场检验，其性能应符合国家现行有关标准的规定。

检查数量：按批检查；

检验方法：检查质量证明文件和进场复验报告。

钢筋采用机械连接时，连接接头应按现行国家标准《混凝土结构工程施工质量验收规范》（GB 50204—2015）、《钢筋机械连接技术规程》（JGJ 107—2016）的规定进行质量检验，其结果应符合国家现行有关标准的规定。

检查数量：按现行行业标准《钢筋机械连接技术规程》（JGJ 107—2016）的规定确定；

检验方法：检查质量证明文件和抽样检验报告。

钢筋采用焊接连接时，连接接头应按现行行业标准《钢筋焊接及验收规程》（JGJ 18—2012）等的有关规定进行质量检验，其结果应符合国家现行有关标准的规定。

检查数量：按现行行业标准《钢筋焊接及验收规程》（JGJ 18—2012）的规定确定；

检验方法：检查质量证明文件和抽样检验报告。

钢筋采用套筒灌浆连接时，连接接头应按现行行业标准《钢筋套筒灌浆连接应用技术规程》（JGJ 355—2015）的规定进行质量检验，其结果应符合国家现行有关标准的规定。

检查数量：按现行行业标准《钢筋套筒灌浆连接应用技术规程》（JGJ 355—2015）的规定确定；

检验方法：检查质量证明文件和抽样检验报告。

钢筋成品、预埋件允许偏差和检验方法按项目六任务三表 6-5、表 6-6 检验完毕后，填写"钢筋成品质量检验记录"。

六、钢筋绑扎与预埋件安装工艺流程

生产前准备→识读图纸，选取钢筋及作业工具→操作钢筋加工设备，进行钢筋下料→钢筋摆放及绑扎→安装预埋件→预留孔洞封堵→摆放埋件固定架→隐蔽工程检验

任务二　预制混凝土剪力墙钢筋绑扎与预埋件预埋

【任务说明】

根据国家建筑标准设计图集中内叶板 WQCA-2728 的配筋图（见配套资源）及工程结构特点进行钢筋及预埋件施工。

一、生产前准备

相关要求同项目一任务二"生产前准备"，本节不再赘述。

二、选取作业工具

① 领取预埋件，见图 2-8。

(a) 吊钉　　　(b) 灌浆套筒　　　(c) 配管　　　(d) 线盒　　　(e) PVC管

图2-8　相关预埋件

② 领取辅材，见图 2-9。

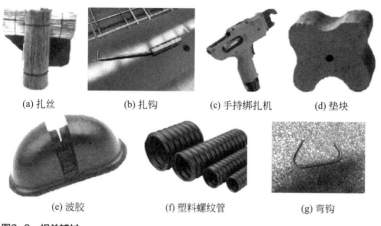

(a) 扎丝　　　(b) 扎钩　　　(c) 手持绑扎机　　　(d) 垫块

(e) 波胶　　　(f) 塑料螺纹管　　　(g) 弯钩

图2-9　相关辅材

三、操作钢筋加工设备进行钢筋下料

根据配筋图中的配筋表进行钢筋加工，见表 2-6。

表2-6　WQ-2728 钢筋表

钢筋类型		钢筋编号	一级	二级	三级	四级抗震	钢筋加工尺寸/mm	备注
混凝土墙	竖向筋	3a	6Φ16	6Φ16	6Φ16	—	23┤2466├290	一端车丝长度23mm
			—	—	—	6Φ14	21┤2484├275	一端车丝长度21mm
		3b	6Φ6	6Φ6	6Φ6	6Φ6	2610	
		3c	4Φ12	4Φ12	4Φ12	4Φ12	2610	
	水平筋	3d	13Φ8	13Φ8	13Φ8	13Φ8	116 200 2100 200 116	
		3e	1Φ8	1Φ8	1Φ8	1Φ8	146 200 2100 200 146	
		3f	2Φ8	2Φ8	2Φ8	2Φ8	116 2050 116	
	拉筋	3La	Φ6@600	Φ6@600	Φ6@600	Φ6@600	30 130 30	
		3Lb	26Φ6	26Φ6	26Φ6	26Φ6	30 124 30	
		3Lc	5Φ6	5Φ6	5Φ6	5Φ6	30 154 30	

四、钢筋摆放及绑扎

（一）摆放垫块

　　钢筋网片采用绑扎连接，要求全数绑扎，不得跳扣、漏扣。钢筋间距要符合图纸说明中标注的尺寸要求；最下层钢筋下部要放置垫块（图2-10），垫块大小要符合图纸要求，垫块布置应为梅花形布置，垫块间距宜在500mm左右，以满足钢筋保护层的要求。网片筋钢筋间距的允许偏差为 ±5mm。

图2-10　垫块

> **小贴士**
>
> 　　垫块可用来满足钢筋和地面保护层的厚度，另外有的垫块（又叫支撑）可以用来支模板，以保证模板尺寸满足设计需求。从而使得钢筋混凝土构件能在使用的外部环境下，避免使钢筋受设计要求以外的腐蚀伤害，提高混凝土结构的耐久性。

（二）钢筋领取

1. 外叶板钢筋

　　根据外叶板配筋图进行钢筋领取，见表2-7。

表2-7　外叶板钢筋领取表

编号	直径/mm	钢筋等级	加工尺寸/mm	钢筋根数	备注
1	5	CRB550	2740	19	纵向筋
2	5	CRB550	2640	20	横向筋

2. 内叶板钢筋领取（表2-8）。

表2-8　内叶板钢筋领取表

编号	直径/mm	钢筋等级	加工尺寸/mm	钢筋根数	备注
3a	16	HBR400	2779	6	竖向筋
3b	6	HBR400	2610	6	竖向筋
3c	12	HBR400	2610	4	边缘竖向筋
3d	8	HBR400	5232	13	封闭箍筋水平筋
3e	8	HBR400	5292	1	水平筋
3f	8	HBR400	4332	2	加密区域附加水平筋
3La	6	HBR400	190	15	拉筋
3Lb	6	HBR400	184	26	两侧满布拉筋
3Lc	6	HBR400	214	5	拉筋

领取钢筋后（图2-11），对钢筋进行清理。钢筋的表面应洁净，油渍、漆污和用锤敲击时能剥落的浮皮、铁锈等应在使用前清除干净。

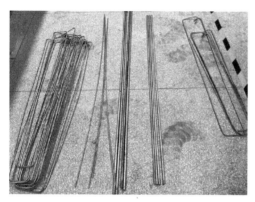

图2-11 领取后的钢筋

（三）摆放外叶板钢筋

外叶墙板中钢筋采用冷轧带肋钢筋（ϕ^R），外叶板厚度为60mm，保护层厚度为20mm。钢筋排布方式有两端余值、末端余值、左右两端布置。本节所讲构件应按照表2-9外叶板钢筋摆放参数进行摆放。

表2-9 外叶板钢筋摆放参数
单位：mm

编号	排布方式	起配距离	终配距离	间距
1	两端余值	30	30	150
2	两端余值	35	30	150

小贴士

在实际工程中，外叶墙板中会铺设成型的钢筋网片。钢筋外叶模具内满铺钢丝网，钢筋原材料类别及间距参照图纸；钢丝网在外叶混凝土层厚度方向居中布置，保护层20mm，单块钢丝网无法铺满模内时，可用多块钢丝网搭接铺设，搭接长度不小于200mm。

（四）外叶板钢筋绑扎

核实图纸上的钢筋的品种、规格、数量等与现有加工钢筋是否相符。按照图纸进行受力钢筋、分布钢筋、附加钢筋摆放，正确使用钢卷尺、长度校正工具摆放校正。摆放时先控制一个钢筋甩出长度，其他相邻钢筋以校正长度工具平行模具快速校正。了解图纸中的钢筋间距，便于绑扎施工。为了便于确定两根相互交叉钢筋的绑扎位置，需熟悉边模端头首个放置钢筋豁口距离尺寸。钢筋绑扎示意图如图2-12所示。

图2-12　钢筋绑扎示意图

使用钢筋绑扎工具扎钩或手持绑扎机、扎丝进行钢筋绑扎，钢筋绑扎的细部构造应符合下列规定：

① 钢筋的绑扎搭接接头应在接头中心和两端用铁丝扎牢；

② 墙、柱、梁钢筋骨架中各垂直面钢筋网交叉点应全部扎牢。

除图纸中注明外，钢筋不得切断。如果钢筋被切断，应沿被切断钢筋受力方向加补偿筋。构件每侧外伸钢筋长度偏差 ±5mm。安装钢筋应采取可靠措施，防止模具内脱模剂污染钢筋。本节所讲构件应按表2-10进行钢筋骨架或钢筋网片尺寸和安装位置偏差要求检验。

表2-10　钢筋成品尺寸允许偏差和检验方法

项次	检验项目		允许偏差/mm	检验方法
1	钢筋网片	长、宽	±5	钢尺检查
		网眼尺寸	±10	钢尺量连续三档，取最大值
		对角线差	5	钢尺检查
		端头不齐	5	钢尺检查
2	钢筋骨架	长	0, -5	钢尺检查
		宽	±5	钢尺检查
		厚	±5	钢尺检查
		主筋间距	±10	钢尺量测两端、中间各1点，取较大值
		主筋排距	±5	钢尺量测两端、中间各1点，取较大值
		起弯点位移	15	钢尺检查
		箍筋间距	±10	钢尺量连续三档，取最大值
		端头不齐	5	钢尺检查

（五）摆放内叶板钢筋

内叶墙板钢筋均采用 HRB400（Φ）。

（1）对内叶板钢筋进行摆放，见表2-11。

表2-11　钢筋布置要求 单位：mm

编号	排布方式	布置规则	起配距离	终配距离	距边（墙上边/底边）	间距	两端外伸/缩
3a	两端余值	梅花布置	300	300	55	300	0
3b	两端余值	梅花布置	300	300	35	300	0
3c	左右两端布置	同向布置	50	50	52	2000	0
3d	末端余值	无	200	40	42	200	200
3e	无	无	80	0	27	200	0
3f	无	无	300	2140	42	200	-25
3La	按照图纸位置进行摆放						
3Lb	按照图纸位置进行摆放，两端满布						
3Lc	按照图纸位置进行摆放						

内叶板钢筋摆放示意图见图2-13。

（2）套筒连接钢筋。由模板图可知3a钢筋下端连接灌浆套筒，现在将灌浆套筒与钢筋进行连接。

① 连接前的准备：钢筋连接前，需检查钢筋规格和连接套筒是否一致，以及螺纹丝扣是否完好无损、清洁。如发现丝扣锈蚀要用铁刷清理干净。

② 丝头的连接：把套筒拧到被连接钢筋上，然后用扳手拧紧钢筋，使钢筋剩余的丝扣不超过2个完整扣。完成连接后，应立即画上标记，以便质检人员检查，并做检查记录。

③ 灌浆套筒固定连接方法：

对于套筒固定橡胶件，用螺杆穿过橡胶件中间的通孔，螺杆安装到墙板边模预埋套筒的空洞上，橡胶件钻入套筒底部圆孔内，紧固模板外侧螺母使橡胶件挤压横向变形，就将套筒固定在了模板上。固定套筒的橡胶连接件应拧紧，避免在混凝土浇筑时出现脱落或者松动。

套筒上塑料灌浆孔和出浆孔刷连接胶，套PVC管，PVC管高出混凝土面不小于20mm，端头用塑料胶布粘贴封死，避免水泥浆流进去。构件拆模后，将PVC管贴混凝土面切平，见图2-14。

图2-13　内叶板钢筋摆放示意图

图2-14　灌浆套筒安装示意图

（六）内叶板钢筋绑扎

同外叶板钢筋绑扎方法。

二维码10　钢筋
绑扎与固定

五、安装预埋件

按照图纸依次进行套管、斜支撑预埋螺母摆放，线盒、PVC管摆放，以及预留孔洞临时封堵。

1. 领取及摆放预埋件

熟悉图纸，重点查看各个预埋件的具体位置、规格、数量，按照表2-12预埋件具体位置及数量进行摆放。

表2-12　预埋件具体位置及数量

编号	名称	距左边长度/mm	距底边长度/mm	数量
1	吊钉	450/1650	65	2
2	套管	200	270/950/1690/2440	4
	套管	1900	270/950/1690/2440	4
3	线管	750	750	2
4	线盒	750	750	1
5	临时支撑预埋螺母	350	550/1940	2
6	临时支撑预埋螺母	1750	550/1940	2
7	方槽	747	0	1

2. 预埋安装

① 预埋插座及开关接线盒。为了防止线盒在混凝土浇筑过程中发生偏位，线盒全部采用穿筋线盒，即该线盒的上下位置有用于专门固定线盒位置的穿筋孔。可将直径6mm或8mm的150mm长钢筋穿过线盒的上下孔洞，再通过此钢筋与内墙的钢筋网片绑扎或点焊固定。

② 吊钉预埋。常用吊钉承载力为2.5t或5t。吊钉依据图纸选型。吊钉预埋采用专用橡胶预埋件，橡胶件为半连接方式，底部分离，上部连接。将橡胶件底部分开放入吊杆，橡胶件顶部的螺杆穿过模具上的预留孔，紧固螺杆上的蝶形螺母将吊杆安装在模具上。图2-15为吊顶安装示意图。

图2-15　吊顶安装示意图

注意，橡胶件底部放入吊杆后，橡胶件必须合严，避免混凝土进入缝隙，致使在拆模后吊钩无法安装。

③ 核对预埋件的数量及种类。预埋件安装完毕后，应检查其安装是否牢固，可按照表6-4要求核对其位置及数量。

六、预留孔洞封堵

钢筋安装完毕后，用专用漏浆封堵件封堵模具侧孔。封堵件应安装牢固、紧密，防止在浇筑混凝土时封堵件脱落、松动。封堵件使用前需刷水洗液，风干后才可使用。图 2-16 为圆形与条形封堵件。

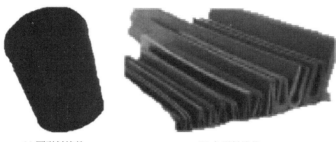

(a) 圆形封堵件　　　　　　　(b) 条形封堵件

图2-16　封堵件

小贴士

模板封堵件介绍

① 圆形封堵件：适用于模具上的圆形孔，钢筋安装完以后，从模板外侧用封堵件封堵。混凝土浇筑初凝后可将封堵件拆除。

② 条形封堵件：适用于模具上的条形孔，钢筋安装完以后，从模板内侧用封堵件封堵。模具拆除后，可将封堵件拆除。

七、摆放埋件固定架

为防止后期混凝土浇筑导致埋件移位或上浮，需要摆放埋件固定架。

二维码11　钢筋绑扎及预埋件预埋

八、隐蔽工程检验

需填写表 2-13 所示内容。

表2-13　隐蔽工程检验标准填写表

检查项目		允许偏差/mm	测量误差/mm	是否合格
钢筋摆放绑扎质量	钢筋型号及数量是否正确			
	绑扎处是否牢固			

续表

检查项目		允许偏差/mm	测量误差/mm	是否合格
钢筋摆放绑扎质量	钢筋间距误差	−10~10mm		
	外漏钢筋长度误差	10mm		
埋件安装质量	埋件选型合理、数量准确			
	安装牢固、无松动			
	安装位置	−10~10mm		

【任务评价】

班级			姓名		学号		评分标准
考核项目		考核内容		评分等级（A、B、C）			
生产前准备	劳保用品准备	佩戴安全帽					
		穿戴劳保工装、防护手套					
	图纸识读及工具选择	图纸识读					
		工具选择					
钢筋绑扎与预埋件安装工艺流程	钢筋摆放及绑扎	放置垫块					正确使用材料（垫块），每间隔约500mm放置一个垫块
		钢筋领取					依据图纸进行钢筋选型（规格、加工尺寸、数量）
		钢筋清理					
		钢筋摆放					依据图纸进行钢筋（受力钢筋、分布钢筋、附加钢筋）摆放
		钢筋绑扎					正确使用工具（扎钩、钢卷尺）和材料（扎丝），规范要求四边满绑，中间600mm梅花绑扎，边绑扎、边调整钢筋位置
	预埋件预埋	依据图纸进行埋件摆放					埋件位置符合图纸要求
		埋件固定					正确选择工具（扳手、扎钩、工装）和材料（扎丝）固定埋件
	模具开孔封堵						正确使用材料（封堵件），封堵模具侧孔
质量控制	钢筋摆放及绑扎质量						钢筋绑扎与预埋件安装质量检验
	埋件安装质量						

任务三　预制混凝土叠合板钢筋绑扎与预埋件预埋

根据国家建筑标准设计图集中双向板 DBS2-67-3012-11 的配筋图（见配套资源）及工程结构特点，指导工人进行钢筋及预埋件施工。

一、生产前准备

相关要求请参见前文，本节不再赘述。

二、识读图纸、选取钢筋及作业工具

领取的预埋件有：吊件、套筒及配管、线盒、PVC 管等。领取的辅材有：扎丝、垫块、波胶、套筒固定锁等。

三、操作钢筋加工设备进行钢筋下料

底板钢筋及钢筋桁架的上弦、下弦钢筋采用 HRB400 钢筋（Φ），钢筋桁架腹杆钢筋采用 HPB300 钢筋（ϕ）。根据钢筋加工尺寸标注说明，叠合板钢筋分为宽度方向钢筋与跨度方向钢筋。对于设计时钢筋外伸长度为 90mm 时，钢筋下料长度允许偏差为 $-5 \sim -2$mm，不能出现正偏差。

（一）桁架筋

编号 A80 桁架长度为 2720mm，重量为 4.74kg。

（二）底筋

相关信息见表 2-14。

表 2-14　底筋配筋表

1			2			3		
规格	加工尺寸/mm	根数	规格	加工尺寸/mm	根数	规格	加工尺寸/mm	根数
Φ8	40〔1480〕40	14	Φ8	3000	4	Φ6	850	2

四、钢筋绑扎及固定

钢筋桁架放置于底板钢筋上层，下弦钢筋与底板钢筋绑扎连接。

（一）摆放垫块

底板最外层钢筋的混凝土保护层厚度为 15mm。最下层钢筋下部要放置垫块（垫块大小符合图纸要求），垫块布置应为梅花形布置，垫块间距宜在 500mm 左右，以满足钢筋保护层的要求。钢筋间距的允许偏差为 ±5mm，桁架筋钢筋间距的允许偏差为 ±5mm。

（二）钢筋领取

根据叠合板配筋图进行钢筋领取，见表2-15。

表2-15　钢筋领取

编号	直径/mm	钢筋等级	加工尺寸	钢筋根数	备注
1	8	HRB400	1560mm	14	纵向筋
2	8	HRB400	3000mm	4	横向筋
3	6	HRB400	850mm	2	
4	8	HRB400	2720m × 80m × 80m	3	桁架筋

领取钢筋后对钢筋进行清理，钢筋的表面应洁净。油渍、漆污和用锤敲击时能剥落的浮皮、铁锈等应在使用前清除干净。图2-17为叠合板钢筋。

图2-17　叠合板钢筋

（三）领取及摆放钢筋

按照图纸进行底筋、钢筋桁架摆放，正确使用钢卷尺、长度校正工具摆放校正。摆放时先控制一个钢筋甩出长度，其他相邻钢筋以校正长度工具平行模具快速校正。钢筋排布方式有两端余值、末端余值、左右两端布置，摆放时注意钢筋摆放方向。可按照表2-16叠合板钢筋摆放参数进行摆放。

表2-16　叠合板钢筋摆放参数　　　　　　　　　　　　　　　　单位：mm

钢筋编号	排布方式	跨度方向	起配距离	终配距离	间距
1	两端余值	宽度方向	160	160	200
2	两端余值	跨长方向	25	25	325
3	左右两端布置	宽度方向加固	25	25	3550
4	两端余值	跨长方向	50	50	600

（四）钢筋绑扎

核实图纸上的钢筋的品种、规格、数量等与现有加工钢筋是否相符。了解图纸中的钢筋间距，便于绑扎施工。利用钢筋绑扎工具扎钩或手持绑扎机、扎丝，对钢筋进行绑扎。为了便于确定两根相互交叉钢筋的绑扎位置，熟悉边模端头首个放置钢筋豁口距离尺寸。叠合楼板钢筋绑扎操作示意图见图2-18。

二维码12　楼板钢筋绑扎

图2-18　预制叠合楼板钢筋绑扎操作示意图

钢筋采用绑扎连接，要求全数绑扎，不得跳扣、漏扣。网格间距要符合图纸说明中标注的尺寸要求，钢筋间距的允许偏差为 ±5mm，桁架筋钢筋间距的允许偏差为 ±5mm。为防止踩踏钢筋骨架，在侧模位置（钢筋上部）可放置跳板（木板）。

桁架筋按照图纸要求铺设，每套模具配置至少一个压杠（玻璃钢模具），布置在模具的两端及中间部位，防止桁架筋上浮；桁架筋与钢筋骨架相交位置全部绑扎，严禁跳扣、漏扣。

构件每侧外伸钢筋长度偏差 ±5mm。安装钢筋应采取可靠措施，防止模具内脱模剂污染钢筋。可按表2-10进行钢筋骨架或钢筋网片尺寸和安装位置偏差要求检验。

五、安装预埋件

按照图纸依次进行套管、斜支撑预埋螺母摆放，线盒、PVC 管摆放，以及预留孔洞临时封堵。

1. 领取预埋件

熟悉图纸，重点查看各个预埋件的具体位置、规格、数量，按照表 2-17 预埋件具体位置及数量进行摆放。

表2-17　预埋件具体位置及数量

名称	距左边长度/mm	距底边长度/mm	数量
线盒	2340	900	1

2. 预埋安装

① 预埋插座及开关接线盒。为了防止线盒在混凝土浇筑过程中发生偏位，预埋线盒采

用压杠固定或钢筋绑扎固定方式，不得采用
打孔固定；线盒螺纹连接尽量不要对着桁架
筋的腹杆钢筋，可微调方向。线盒底部使用
八角垫片焊接在模台底板或采用磁力底座，
利用线盒"耳朵"穿筋（A6）固定线盒，线
盒使用时应区别以往工程，避免使用错误。
使用时应特别注意区别线盒编号位置、PVC
螺纹连接规格（A20、A25）、线管外露长
度。图2-19为叠合板预埋件操作。

② 核对预埋件的数量及种类。预埋件安
装完毕后，需检查其是否安装牢固，并按照
表6-6核对其位置及数量。

图2-19　叠合板预埋件操作

六、预留孔洞封堵

钢筋安装完毕后，用专用漏浆封堵件封堵模具测孔。封堵件应安装牢固、紧密，防止在
浇筑混凝土时封堵件脱落、松动。封堵件使用前需刷水洗液，风干后才可使用。

七、摆放埋件固定架

为防止后期混凝土浇筑导致埋件移位或上浮，需要摆放埋件固定架。

八、隐蔽工程检验

需加强隐蔽过程验收，重要控制点具体如下：
① 模具长度、宽度、高度、厚度是否满足允许偏差，侧模与底板间是否积灰严重。脱
模剂、缓凝剂是否涂刷。
② 检查所使用钢筋的规格、加工尺寸等。钢筋绑扎要求全数绑扎，控制钢筋间距、定
位、外露长度、钢筋保护层厚度、桁架筋外露高度及定位位置等。
③ 预埋件：线盒编号、规格、螺纹连接数量、规格及方向，螺纹连接使用胶带封闭；
预留洞口规格、定位及固定是否牢固；预埋铁件埋设深度、定位、固定是否牢固；套管是否
使用PE棒封堵；预埋件内应保证无灰浆等杂物。
④ 钢筋保护层控制：模具出筋槽深度、宽度、位置、垫块大小等。
⑤ 验收合格后，填写隐蔽记录，报驻厂监理进行验收，驻厂监理同意验收后方可进行
下道工序（浇筑）。
⑥ 注意叠合板构件吊点标识，吊点位置处（该工程吊点位置设置2根加强筋）刷红色油漆
标识。操作工艺为：混凝土浇筑前，在吊点位置使用红漆进行标识，吊点位置应符合图纸要求。

⑦ 清理或修理底模，计划单上字体加粗或加大的构件为改板构件。模具更改后必须要重新验收，由劳务班组通知专检人员进行验收，验收合格后方可进行生产，未验收或未更改的模具禁止生产。只要模具修改或更改构件型号，必须重新验收，验收合格后方可生产。

⑧ 拉毛深度、间距及四周毛糙面的处理应符合图纸要求。

任务四　预制混凝土楼梯板钢筋绑扎与预埋件预埋

根据国家建筑标准设计图集中双跑楼梯板 ST-30-25 的配筋图（见配套资源）及工程结构特点，指导工人进行钢筋及预埋件施工。

一、生产前准备

相关要求同前所述。

二、识读图纸、选取钢筋及作业工具

领取的预埋件有：吊件、套筒及配管、线盒、PVC 管等。领取的辅材有：扎丝、垫块等。

三、操作钢筋加工设备进行钢筋下料

钢筋加工下料要求按照表 2-18 进行。

表 2-18　钢筋明细表

钢筋编号	数量	规格	形状	钢筋名称	重量/kg	钢筋总重量/kg	混凝土体积/m³
1	7	⏀10	2960 ╲ 349	下部纵筋	140.29		
2	7	⏀8	3020	上部纵筋	8.35		
3	20	⏀8	90 ⌐ 1155 ⌐ 90	上下分布筋	10.55	75.97	0.7807
4	6	⏀12	1210	边缘纵筋1	6.45		
5	9	⏀8	360 140	边缘箍筋1	3.56		
6	6	⏀12	1155	边缘纵筋2	6.15		

续表

钢筋编号	数量	规格	形状	钢筋名称	重量/kg	钢筋总重量/kg	混凝土体积/m³
7	9	Φ8	340 | 140	边缘箍筋2	3.41		
8	8	Φ10	280	加强筋	3.31		
9	8	Φ8	100 362 232 100	吊点加强筋	2.51	75.97	0.7807
10	2	Φ8	1155	吊点加强筋	0.92		
11	2	Φ14	150 2960 321	边缘加强筋	8.3		
12	2	Φ14	2960 418	边缘加强筋	8.17		

四、钢筋绑扎及固定

（一）钢筋领取

根据楼梯板钢筋明细表进行钢筋领取，钢筋领取表见表2-19。

表2-19　钢筋领取表

编号	直径/mm	钢筋等级	钢筋根数	备注
1	10	HRB400	7	下部纵筋
2	8	HRB400	7	上部纵筋
3	8	HRB400	20	上下分布筋
4	12	HRB400	6	边缘纵筋
5	8	HRB400	9	边缘箍筋
6	12	HRB400	6	边缘纵筋
7	8	HRB400	9	边缘箍筋
8	10	HRB400	8	预留洞加强筋
9	8	HRB400	8	吊点加强筋
10	8	HRB400	2	吊点加强筋
11	14	HRB400	2	边缘加强筋
12	14	HRB400	2	边缘加强筋

钢筋外观应平直、无损伤，表面不得有裂纹、油污、颗粒状或片状老锈，钢筋下料尺寸准确无误。

（二）领取及摆放钢筋

可按照表2-20楼梯板钢筋摆放参数进行摆放，钢筋排布方式有两端余值、末端余值、左右两端布置，摆放时注意钢筋摆放方向。

表2-20　楼梯板钢筋摆放参数

单位：mm

编号	排布方式	跨度方向	起配距离	终配距离	间距	备注
1	两端余值	跨长方向	50、150	45、150	200	
2	两端余值	跨长方向	50、150	45、150	200	
3	两端余值	宽度方向	90	90	300	上下布置
4	两端余值	跨度方向	20	20	180	上下布置
5	两端余值	宽度方向	75、100	75、100	150	
6	两端余值	宽度方向	30	30	180	上下布置距底/顶20
7	两端余值	宽度方向	50、100	45、80	150	
8	左右两端布置	跨长方向	280	280	695	上下布置距底/顶50、45
9	左右两端布置	跨长方向	150、100	150、100	680	4根，第三踏步
	左右两端布置	跨长方向	150、100	150、100	680	4根，第八踏步
10	末端余值	宽度方向	20			第三踏步，第八踏步
11	左右两端布置	跨长方向	50	1100	45	上端距顶45
12	左右两端布置	跨长方向	50	1100	50	上端距底45

（三）钢筋绑扎、入模

核实图纸上的钢筋的品种、规格、数量等与现有加工钢筋是否相符。了解图纸中的钢筋间距，以便于绑扎施工。楼梯钢筋需要绑扎成骨架后入模，钢筋骨架如图2-20所示。

图2-20　楼梯钢筋骨架

按照图纸及料单标注要求绑扎钢筋骨架。钢筋骨架成型、绑扎及存放时应注意：
① 钢筋骨架宜平放绑扎，以控制钢筋位置及间距。绑扎应牢固、稳定，不易变形；根

据图纸尺寸进行钢筋翻样并与图纸料表核对，发现问题汇总上报解决。

② 绑扎完成后的骨架，应专门码放，避免碾踏变形及严重生锈；上下层分布钢筋宜用马凳筋支撑或采用短筋点焊支撑；钢筋切断、成型要符合《钢筋焊接及验收规程》（JGJ 18—2012）的要求，并且符合图纸说明中标注的尺寸要求。

③ 楼梯直立时顶部边缘加强筋部位应采用双绑丝绑扎，防止浇筑及振捣混凝土时因钢筋绑扎不紧造成散落。

④ 钢筋绑扎要求满绑并紧固，不得跳扣。

（四）安装垫块

钢筋绑扎完成后，宜采用相应保护层型号的白色或灰色塑料垫块进行安装固定。最外层钢筋的混凝土保护层厚度为 20mm。

（五）钢筋检验

钢筋绑扎完成后，检查钢筋型号、直径、数量、间距、位置是否符合图纸及规范要求，并填写相应的钢筋检验记录。

五、安装预埋件

钢筋骨架绑扎时，将不好安装的埋件，提前绑扎在钢筋骨架内，避免安装不上；按照图纸依次进行套管、斜支撑预埋螺母摆放，线盒、PVC 管摆放，以及预留孔洞临时封堵。

1. 领取预埋件

熟悉图纸，重点查看各个预埋件的具体位置、规格、数量，按照表 2-21 所示的预埋件具体位置及数量进行摆放。预埋件可选用吊环或者内埋式螺母等形式。

表2-21　预埋件具体位置及数量

编号	名称	距侧边长度/mm	距底边长度/mm	数量	位置
M1	吊装预埋件	200	80	4	第三踏步，第八踏步
M2	埋件	130	80	2	第三踏步，第八踏步

2. 预埋安装

① 预留凹槽时用梯形体垫铁；

② 吊装或安装需用预埋暗式螺母，配套有碗状垫铁；

③ 有预留洞时需用锥形垫铁，用于现场安装时穿入钢筋；

④ 出池吊装时用吊钩，配套有梯形体垫铁；吊钩个数、位置及直径参照图纸。

预埋件必须有可靠的固定定位措施，保证其位置准确、牢靠。垫铁用定位螺丝或栓杆拧紧固定，吊钩用绑丝与钢筋骨架绑紧牢固。

3. 核对预埋件的数量及种类

对入模安装的预埋件应检查其加工制作质量，不符合要求的不得使用。预埋件规格型号、尺寸选用、定位须严格按照图纸标注大小及定位尺寸进行预留预埋，不得混淆，否则将对现场安装造成影响。

预埋件安装完毕后，需检查其是否安装牢固，按照表 6-6 要求核对其位置及数量。

六、另一侧钢模板安装

（一）钢筋骨架入模

利用生产线龙门吊将钢筋骨架放入模板固定侧，调整好骨架位置后，安装固定好钢筋保护层塑料垫块。

（二）侧模安装

一侧钢模板安装时，两侧模板接缝处（侧模与侧模、侧模与底模等接缝处）用密封条沿模板内缝封堵密实，以防出现跑浆、漏浆现象。底部或端头部位必须粘贴密实，防止因泌水引起构件出池后局部发黑。

> **小贴士**
>
> 混凝土在运输、振捣、泵送的过程中出现粗骨料下沉，水分上浮的现象称为混凝土泌水。

七、合模固定

合模后，将模板顶部及底部所有紧固螺母用扳手紧固到位，若螺栓发生滑丝及破丝现象须及时更换。

八、隐蔽工程检验

（1）合模前后进行隐蔽工程自检。检查内容包括：
① 安装后的模板外形和几何尺寸；
② 钢筋、钢筋骨架、吊环的级别、规格、型号、数量及其位置；
③ 预埋件、预留孔的规格、数量及固定情况；
④ 主筋保护层厚度等。
（2）隐检准备好后，填写隐蔽记录，报质检员进行验收（如有驻厂监理，应上报驻场监理），质检员验收后方可进行下道工序施工。

【项目测试】

一、单项选择题

1. 钢筋骨架尺寸应准确，骨架吊装时应采用（　　）的专用吊架，防止骨架产生变形。
    A. 多吊点　　　　　　　　　　　　B. 单吊点
    C. 吊钩　　　　　　　　　　　　　D. 吊环

2. 垫块布置应为梅花形布置，垫块间距宜在（　　）左右，以满足钢筋保护层的要求。
    A. 100mm　　　　　　　　　　　　B. 150mm
    C. 500mm　　　　　　　　　　　　D. 530mm

3. 叠合楼板底板最外层钢筋的混凝土保护层厚度为（　　）。
    A. 10mm　　　　　　　　　　　　　B. 15mm
    C. 20mm　　　　　　　　　　　　　D. 30mm

4. 桁架筋按照图纸要求铺设，每套模具配置至少一个压杠（玻璃钢模具），布置在模具的两端及中间部位，防止桁架筋（　　）。
    A. 变形　　　　　　　　　　　　　B. 上浮
    C. 侧移　　　　　　　　　　　　　D. 偏转

5. 楼梯模具一侧钢模板安装时，两侧模板接缝处（侧模与侧模、侧模与底模等接缝处）用（　　）沿模板内缝封堵密实，以防出现跑浆、漏浆现象。
    A. 密封条　　　　　　　　　　　　B. 脱模剂
    C. 缓凝剂　　　　　　　　　　　　D. 隔离剂

6. （　　）必须有可靠的固定定位措施，保证其位置准确、牢靠。
    A. 预制构件　　　　　　　　　　　B. 预埋件
    C. 模台　　　　　　　　　　　　　D. 螺栓

7. 楼梯板最外层钢筋的混凝土保护层厚度为（　　）。
    A. 10mm　　　　　　　　　　　　　B. 15mm
    C. 20mm　　　　　　　　　　　　　D. 30mm

8. 楼梯钢筋需要绑扎成（　　）后入模。
    A. 网片　　　　　　　　　　　　　B. 骨架
    C. 钢筋　　　　　　　　　　　　　D. 一体

二、多项选择题

1. 保护层垫块宜采用（　　），且应与钢筋骨架或网片绑扎牢固；垫块按（　　）布置，间距满足钢筋限位及控制变形要求。
    A. 塑料类垫块　　　　　　　　　　B. 木块
    C. 梅花状　　　　　　　　　　　　D. 左右

2. 预制构件的钢筋连接可采用（　　）。
    A. 钢筋套筒灌浆连接接头　　　　　B. 浆锚搭接连接接头

  C. 机械连接接头   D. 捆绑搭接接头

 3. 钢筋加工包括（ ）工作部分。

  A. 钢筋调直   B. 钢筋弯折

  C. 钢筋套丝   D. 钢筋切断

 4. 封堵件应安装（ ），防止在浇筑混凝土时封堵件脱落、松动。

  A. 牢固   B. 紧密

  C. 坚硬   D. 跳扣

三、简答题

 1. 简述灌浆套筒固定连接方法。

 2. 简述钢筋下料要求。

 3. 简述钢筋绑扎与预埋件安装工艺流程。

 4. 简述钢筋绑扎的细部构造应符合的规定。

预制混凝土构件浇筑

知识目标

1. 掌握混凝土性能及混凝土工作性能实验方法；

2. 熟悉预制混凝土构件厂的相关设备；

3. 了解预制混凝土构件浇筑工艺。

技能目标

1. 掌握预制混凝土构件浇筑流程；

2. 掌握混凝土布料与振捣工作注意事项。

素质目标

1. 强化学生职业道德和职业规范意识，按照工作程序开展相关业务；

2. 培养学生依法依规作业的责任感与使命感。

任务一　夯实基础

一、混凝土性能要求

（一）凝结时间

凝结时间分为初凝时间和终凝时间。初凝时间为从水泥加水拌和起，至水泥浆开始失去塑性所需的时间。终凝时间是从水泥加水拌和起，至水泥浆完全失去塑性并开始产生强度所需的时间。水泥凝结时间在施工中有重要意义，初凝时间不宜过短，终凝时间不宜过长。硅酸盐水泥初凝时间不得早于 45min，终凝时间不得迟于 390min；普通水泥初凝时间不得早于 45min，终凝时间不得迟于 600min。水泥初凝时间不合要求，该水泥报废；终凝时间不合要求，视为不合格。

（二）混凝土强度

混凝土强度等级应按立方体抗压强度标准值确定。立方体抗压强度标准值系指按标准方法制作、养护的边长为 150mm 的立方体试件，在 28d 或设计规定龄期以标准试验方法测得的具有 95% 保证率的抗压强度值。按照《混凝土物理力学性能试验方法标准》（GB/T 50081—2019），制作边长为 150mm 的立方体在标准养护（温度 20±2℃、相对湿度在 95% 以上）条件下，养护至 28d 龄期，用标准试验方法测得的极限抗压强度，称为混凝土标准立方体抗压强度，以 f_{cu} 表示。按照《混凝土结构设计规范》（2015 年版）（GB 50010—2010）规定，在立方体极限抗压强度总体分布中，具有 95% 强度保证率的立方体试件抗压强度，称为混凝土立方体抗压强度标准值（以 MPa 计）。

按照《混凝土结构设计规范》（2015 年版）（GB 50010—2010）规定，普通混凝土划分为十四个等级，即 C15、C20、C25、C30、C35、C40、C45、C50、C55、C60、C65、C70、C75、C80。影响混凝土强度等级的因素主要与水泥等级和水灰比、骨料、龄期、养护温度和湿度等有关。

二、混凝土工作性能试验

预制构件混凝土应符合现行行业标准《普通混凝土配合比设计规程》（JGJ 55—2011）的有关规定，根据混凝土强度等级、耐久性和工作性等要求进行配合比设计。对有特殊要求的混凝土，其配合比设计应符合国家现行有关标准的规定。

（一）坍落度

混凝土坍落度主要是指混凝土的塑化性能和可泵性能。影响混凝土坍落度的因素主要有级配变化、含水量、衡器的称量偏差，另外外加剂的用量和水泥的温度也会造成影响。坍落度是指混凝土的和易性，具体来说就是保证施工的正常进行，其中包括混凝土的保水性、流动性和黏聚性。坍落度是用一个量化指标来衡量其程度的高低，用于判断施工能否正常进行。

坍落度的测试方法（图 3-1）如下：用一个上口 100mm、下口 200mm、高 300mm 喇叭状的坍落度桶，灌入混凝土后捣实，然后竖直向上拔起桶，拔起过程中不得碰到混凝土以免影响测量数据。混凝土会因自重产生坍落现象，用桶高（300mm）减去坍落后混凝土最高点的高度，称为坍落度。如果差值为 10mm，则坍落度为 10。

图3-1 坍落度测试

做混凝土坍落度实验时的注意事项如下：

① 清理并用湿布湿润台面；

② 将坍落桶内外擦净、润湿；

③ 漏斗放在上坍落桶上，脚踩踏板；

④ 现场检验混凝土和易性；

⑤ 拌合物分三层装入坍落桶，每层高度约占筒高的三分之一，每层用捣棒沿螺旋线由边缘至中心插捣 25 次，各次插捣应在界面上均匀分布；

⑥ 插捣筒边混凝土时，捣棒可以稍微倾斜；插捣底层时，捣棒应贯穿整个深度，插捣其他两层时应插透本层并插入下层 20 ～ 30mm；

⑦ 装填结束后，用镘刀（图 3-2）刮去多余拌和物，并抹平筒口，清除筒底周围的混凝土；

⑧ 完成⑦后，立即提起坍落桶，提桶在 5 ～ 10s 内完成，并使混凝土不受横向力及扭转力作用；

⑨ 从开始装料到提出，整个过程在 150s 内完成，测量混凝土坍落度符合设计要求后，即可浇筑。

图3-2　镘刀

（二）和易性

和易性是指混凝土是否易于施工操作和均匀密实的性能，是一个很综合的性能，其中包含流动性、黏聚性和保水性。影响和易性的因素主要有单位体积用水量、水灰比、砂率、水泥品种、骨料条件、时间和温度、外加剂等几个方面。

三、混凝土浇筑过程设备

（一）预制构件厂混凝土搅拌站

图 3-3 为混凝土搅拌站原料仓库。混凝土搅拌站主要由搅拌主机、物料称量系统、物料输送系统、物料贮存系统和控制系统五大系统和其他附属设施组成。混凝土运输机用于存放和输送搅拌站出来的混凝土，通过在特定的轨道上行走，将混凝土运送到布料机中。混凝土运输机位于行走架上，可平稳地在特定轨道上行走；混凝土运输机带旋转装置，可将料斗中的混凝土倾泻到布料机中；清洗平台设置于搅拌站下方；清洗运输机时可手柄控制，运料工作时可遥控控制；在接近布料机前会自动减速，到达后会自动对位停车。

图3-3　混凝土搅拌站原料仓库

图3-4 混凝土布料机与振动台

（二）布料机

混凝土布料机（图3-4）用于向混凝土构件模具中进行均匀定量的混凝土布料。设备可按图纸尺寸、设计厚度要求由程序控制均匀布料，具有平面两坐标运动控制、纵向料斗升降功能。控制系统留有计算机接口，便于实现直接从中央控制室计算机系统读取图纸数据的功能。布料机采用整幅布料，布料速度快且操作简便。布料机行走速度、布料速度可调。布料机配有清洗平台、高压水枪和清理用污水箱，便于清洗和污水回收。布料机可人工手动控制和自动控制，并且料斗带上有混凝土称重计量装置。

（三）振动台

振动台（图3-4）位于振捣完成布料后的周转平台下，可将平台上的混凝土振捣密实。固定台座和振动台座各有三组，前后依次布置。固定台座与振动台面之间装有减振提升装置，减振提升装置由空气弹簧和限位装置组成。振动台锁紧装置锁紧后，将周转平台与振动台锁紧为一体，布料机在模具上进行布料。布料完成后，振动台起升后再起振，将模具中混凝土振捣密实，使模具里每个角落都充满混凝土，消除空鼓和气泡，使构件表面初步达到设计要求。

四、浇筑工艺

（一）夹心保温外墙板浇筑工艺

墙板生产共有三大生产工艺：平模、挤出、立模。立模工艺有单组模腔、双组模腔（靠模）、多组模腔等工艺。常见的挤出工艺有挤压成型机、振动拉模法等。平模工艺是目前预制构件的主流生产工艺。夹心保温外墙板主要运用平模生产工艺，根据制作流程的不同分为正打法和反打法。

① 正打法。首先进行内叶板混凝土的浇筑生产，然后在组装外叶板模板及安装保温层、拉结件、外叶板钢筋后，浇筑外叶板混凝土。浇筑内墙板时，可通过吸附式磁铁工具将各种预留预埋件进行固定，这样会方便、快捷、简单、规整。但此举相对加大了外叶板抹面收光的工作量，外叶板抹面收光后的平整度和光洁度会相对较差。

② 反打法。与正打法相反，其在底模上预铺各种花纹的衬模，使墙板的外表皮在下面，内表皮在上面。外叶板的平整度和光洁度高；缺点是在浇筑内叶板混凝土时，会对已浇筑的外叶板混凝土和刚刚安装的保温层造成很大的压力，造成保温层四周的翘曲。

（二）叠合板浇筑工艺

叠合板为一次浇筑成型构件。需组装完模板、钢筋后，浇筑混凝土。

（三）楼梯板浇筑工艺

楼梯板为一次浇筑成型构件。需在使用立模、钢筋成笼放入模具后，浇筑混凝土。

五、保温材料、拉结件

我国目前装配式建筑中基本均采用非组合式夹心保温外墙板。建筑外墙保温材料具有较低的导热系数，同时具有较大的热阻，因此可降低热桥带来的影响，通过利用外保温形式，有效发挥出保温作用。建筑外墙保温材料不仅充分发挥出了其本身所具有的作用，更是成为节能工作中非常重要的一部分，有效利用了建筑外墙节能保温材料，有效保护生态环境，同时可以减少能源消耗。

拉结件用于连接外叶层混凝土与内叶层混凝土，并将外叶层的荷载、作用等长期传递至内叶层及主结构中，满足建筑造型、节能保温等需求，见图3-5。带夹心保温材料成型的预制构件，其保温板和连接件的安装质量应符合专项设计要求和国家现行有关标准、产品应用技术手册等的规定。

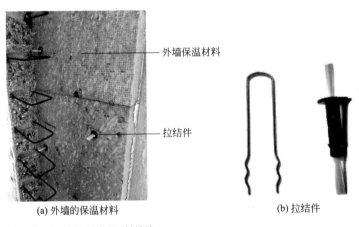

(a) 外墙的保温材料　　　　(b) 拉结件

图3-5　外墙保温材料以及拉结件

（一）外墙保温材料

常用的外墙保温材料如下：

聚苯乙烯模塑板（EPS保温板）也被称作是苯板，其在建筑外墙中利用广泛，见图3-6。聚苯乙烯模塑板的主要组成材料是聚苯乙烯颗粒，通过加热处理之后，可以产生较多的微闭微孔。聚苯乙烯模塑板中有蜂窝结构，其中具有较多的空隙，而空隙的主要填充物质为空气。因为这种材料结构比较特殊，并且具有较低的吸水率，因此聚苯乙烯模塑板具有良好的抗压能力和防渗透能力，因此在建筑外墙中广泛利用。

聚苯乙烯挤塑板（XPS保温板）也被称作挤塑板，见图3-7。这种硬纸板板材具有微闭结构，主要的组成材料是聚苯乙烯树脂，通过加入添加剂，经过挤压形成，在建筑外墙节能保温施工中经常被用到。对比聚苯乙烯模塑板，聚苯乙烯挤塑板具有更加简单的工艺，同时还具有显著的抗湿性能、抗冲击性能以及防潮性能等，这些优势都是聚苯乙烯模塑板无法取代的。

图3-6 EPS保温板

图3-7 XPS保温板

硬质聚氨酯泡沫塑料保温材料原材料主要包括多元醇和异氰酸酯，以及配合这两种材料使用的发泡剂和抗氧化剂等，通过充分混合之后，经过高压喷涂之后最终形成高分子聚物材料。这类材料具有显著的保温作用，同时还具有防水性能。通常是在屋面施工中利用这种材料，可以达到较好的防水效果和保温效果。

（二）拉结件

拉结件是用于连接预制混凝土夹心保温外墙板中内、外叶墙板的配件，按材料可划分为金属拉结件和非金属拉结件。金属拉结件一般由不锈钢等材料制成，非金属拉结件一般由纤维增强塑料等材料制成。夹心保温外墙板中一般布置多个拉结件，形成拉结件系统，以抵抗受拉、受剪、受压、拉剪复合、压剪复合作用，满足受力要求。

非金属拉结件可避免"热桥"产生，墙板节能保温性能好。常用的非金属拉结件为FRP拉结件（图3-8），其由GFRP（玻璃纤维增强复合材料）制成，质量稳定，导热系数低，抗拉和抗剪强度高，弹性和韧性好，拉结件与混凝土的相容性和变形协调性好。

常用金属拉结件为不锈钢拉结件（图3-9），其主要以板式、针式及夹式拉结件和桁架式拉结件为主。

图3-8 FRP拉结件

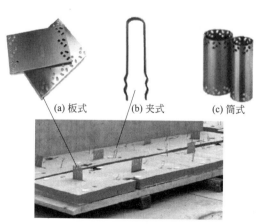

(a) 板式　(b) 夹式　(c) 筒式

图3-9 不锈钢拉结件

六、粗糙面、收光面

混凝土浇筑完毕后需按图纸要求对构件进行表面处理，构件表面分为粗糙面与收光面。

（一）粗糙面

粗糙面（图3-10）是采用特殊的工具或工艺形成预制构件混凝土凹凸不平或骨料显露的表面，可实现预制构件和后浇筑混凝土的可靠结合。键槽是预制构件混凝土表面规则的凹凸槽，可实现预制构件和后浇混凝土的共同受力作用。

预制构件结合面的粗糙度是增强新老混凝土之间粘接强度，确保叠合板的破坏形态是弯曲破坏，保证叠合板两部分共同工作的关键。《装配式混凝土结构技术规程》（JGJ 1—2014）中规定："预制叠合板与后浇混凝土的结合面应设置粗糙面，粗糙面的面积不宜小于结合面的80%，其凹凸深度不应小于4mm；预制混凝土梁端、柱端、墙端的粗糙面凹凸深度不应小于6mm"。

根据国家标准，预制构件与后浇混凝土、灌浆料、坐浆材料的结合面应设置粗糙面、键槽，一般以下部位要设置粗糙面：

① 预制板与后浇混凝土叠合层之间的结合面应设置粗糙面。

② 预制梁与后浇混凝土叠合层之间的结合面应设置粗糙面，预制梁端面应设置键槽且宜设置粗糙面。

③ 预制剪力墙的顶板和底部与后浇混凝土的结合面应设置粗糙面；侧面与混凝土的结合面应设置粗糙面，也可设置键槽。

④ 预制柱的底面应设置键槽且宜设置粗糙面。

(a) 叠合板顶面粗糙面　　　　　　　　　　　(b) 内墙侧面粗糙面

图3-10　粗糙面

预制构件与后浇混凝土的结合面或叠合面应按设计要求制成粗糙面。对混凝土已经成型的构件通常采用人工凿毛或机械凿毛的方法。对混凝土成型过程中的构件，可采用表面拉毛处理和使用化学缓凝剂处理的方法。

采用表面拉毛处理方法时，应在混凝土达到初凝状态前完成，粗糙面的凹凸度差值不宜小于4mm。拉毛操作时间应根据混凝土配合比、气温以及空气湿度等因素综合把控，过早拉毛会导致粗糙度降低，过晚会导致拉毛困难甚至影响混凝土表面强度。

采用化学缓凝剂方法时，应根据设计要求选择适宜缓凝深度的缓凝剂，使用时应将缓凝剂均匀涂刷模板表面或新浇混凝土表面，待构件养护结束后用高压水冲洗混凝土表面，最后确认粗糙面深度是否满足要求。如无法满足设计要求，可通过调整缓凝剂品种解决。

（二）收光面

混凝土收面指的是用铁抹子、木抹子或铝合金刮尺在混凝土表面反复压抹，直到达到工程所需表面光洁要求。混凝土浇筑工程中，当混凝土振捣完成后，表面要按工程要求处理，此过程称作混凝土收面。其效果如何主要与混凝土的初凝时间有关，收面的好坏，关键在于时间的把握。一般收面要 2 遍，在振捣完成后收 1 道面子，最终是在将要初凝前几分钟收第 2 道面，这样收的混凝土面子比较光滑且不易产生裂缝。

任务二　预制混凝土剪力墙浇筑

【任务说明】

任务流程：生产前准备→外叶板混凝土浇筑布料→外叶墙板振捣→铺设保温板和安装拉结件→内叶板模具、钢筋摆放与固定→内叶板布料与振捣→处理粗糙面、收光面。

一、生产前准备

① 着装、卫生检验。

② 清理模内环境。浇筑混凝土前应清理模内杂物，如木屑、泡沫板、多余小配件、浮土等，且模具内不得有积水。外叶挑出内叶部位铺塑料布，避免混凝土污染保温板面。

③ 隐蔽工程验收和技术复核。混凝土浇筑前应进行隐蔽工程验收和技术复核，逐项对模具、钢筋、钢筋网、连接套管、连接件、预埋件、吊具、预留洞口、混凝土保护层进行检验验收。

④ 明确生产要求。按照图纸混凝土等级要求要料，混凝土浇筑之前进行混凝土坍落度测试。坍落度一般为 180 ~ 200mm，并填写"混凝土浇筑记录"。

二、外叶混凝土浇筑布料

操作模台运送至布料位置，根据构件所需的混凝土量及构件强度设置混凝土配合比。混凝土搅拌完毕后由下料口下料到空中运输车，空中运输车运送至混凝土浇筑区域布料机到模具位置，开启布料机阀门进行移动布料，根据构件要求控制混凝土量，如图 3-11 所示。

空中运输车 ————

———— 布料机

图3-11　混凝土运输

　　观察布料机下料口是否在模具上方，否则会出现混凝土外浇。混凝土应布料均衡，根据构件的尺寸调整布料机的混凝土下料速度。同时，要随时用铁筢子、铁锹等对混凝土过于集中部位耙平。

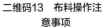

二维码13　布料操作注意事项　　　二维码14　布料机布料

三、外叶墙板振捣

　　外叶混凝土浇筑完毕后，开启振动台进行振捣，振捣过程中合理控制振捣时间在60～100s，过短会造成构件麻面，过长会造成混凝土离析。

　　依据图纸，外叶混凝土强度等级C30，厚度60mm，允许偏差-5mm。浇筑混凝土前沿边模内侧标出60mm控制线，振捣完毕后静置0.5h，沿控制线用抹子将混凝土面搓平，应重点控制外叶厚度及平整度。

　　混凝土应振捣密实，混凝土初凝前，应将模具及平台上撒落的混凝土渣清理干净。混凝土浇筑完毕后，应校正墙板连接件的位置和垂直度。注意混凝土浇筑时严禁加水，运输、浇筑时散落的混凝土严禁用于结构浇筑。若浇筑过程中发现混凝土量有不足的情况，及时联系搅拌站，提供混凝土；若搅拌站混凝土无法及时提供时，应联系现场技术人员，按照混凝土配合比，现场搅拌。严禁为了浇筑剩余混凝土，自行拌制混凝土的情况出现。

四、夹心外墙板保温材料布置与拉结件安装

（一）布置夹心外墙板保温材料

　　铺设保温板，保温材料铺设应紧密排列，通过拉结件将保温板与墙体进行固定，保温板设置间距依据国家规定。领取聚苯乙烯挤塑板，其防火等级、容重、厚度应符合设计要求。保温板要提前按照构件形状，设计切割成型，并在模台外完成试拼。混凝土抹平后，在浇筑完第一层混凝土20min内，开始铺设保温板和安装拉结件。为保证生产过程的连续性，需要预先在保温板上钻孔。

（二）拉结件安装

采用 FRP 玻璃纤维非金属连接件时，在需铺设的保温板上，按照连接件设计图中的几何位置，进行开孔。铺设好保温板后，将连接件穿过孔洞，插入外叶板混凝土，将连接件旋转 90° 后固定。

采用套筒式、平板式、别针式、桁架式的金属连接件，则根据需要用裁纸刀在挤塑板上开缝，或将整块保温板裁剪成块，围绕连接件逐块铺设。

保温层连接件生产安装要求为：

① 首先保证保护层混凝土的坍落度应大于 180mm；如果外层混凝土坍落度低，混凝土会在连接件穿过保温层时形成孔洞。低坍落度混凝土很难在连接器末端回流。

② 对保温板应按设计的位置进行预钻孔；根据国家建筑标准设计图集，拉结件距离构件边缘距离 ≥ 100mm，距洞口边缘距离 ≥ 200mm，拉结件间距 200 ～ 600mm。外层混凝土振捣完成后，在预先钻好孔的保温板上插入连接件。

③ 内叶墙板构件生产时，不宜扰动已经插入的连接件，并且在外叶完全初凝前完成内叶的混凝土振捣。

④ 保温板铺设完毕后，校正墙板连接件的垂直度，外叶墙与保温层的总误差为 -2mm。注意，对在钢筋安装过程中，被触碰移位的连接件要重新就位。

五、内叶板模具、钢筋摆放与固定

安装完保温板和拉结件后，浇筑内叶板混凝土，在第一层混凝土初凝前完成第二层钢筋混凝土浇筑。特殊情况下不能保证连续生产，必须在第一层混凝土达到设计强度的 25% 以上时，才可以进行内叶板钢筋混凝土生产。需使用扳手将内叶板模具布置到外叶模板上，内叶模板的模具、钢筋、预埋件固定见项目二的任务一。

六、内叶板布料与振捣

（一）前期准备

浇筑混凝土前应清理模内杂物，如木屑、泡沫板、多余小配件、浮土等，且模具内不得有积水。外叶挑出内叶部位铺塑料布，避免混凝土污染保温板面。

混凝土浇筑前应进行隐蔽工程验收和技术复核，明确混凝土强度等级、坍落度、是否添加早强剂、浇筑时间等。

二维码15　夹心外墙板的保温材料布置和拉结件

混凝土搅拌站接到申请单后，核对所提要求，及时安排混凝土搅拌，并按照混凝土浇筑时间送至车间。

（二）内叶墙板混凝土布料

对模具定位装置覆盖保护膜，以防沾染混凝土。布料机应布料均衡，根据构件的尺寸调整布料机的混凝土下料速度。同时，要随时用铁箆子、铁锹等对混凝土过于集中部位耙平。

混凝土浇筑过程，应对模具进行观察及维护，发生异常情况应及时进行处理，如混凝土浇筑和振捣应采取措施，防止钢筋、模具、预埋件、线盒等发生偏移。

（三）混凝土振捣

内叶板振捣需用振捣棒进行振捣。

振动器插点要均匀排列，可采用"行列式"的次序移动，不应混用，以免造成混乱而发生漏振。每次移动位置的距离应不大于振动棒作用半径的1.5倍，一般振捣棒的作用半径为300mm。采用插点排列使用振动器时，振捣器距离模具不应大于振捣器作用半径的0.5倍，且不宜紧靠模具振动，应尽量避免碰撞钢筋、芯管、吊环、预埋件等。

每一插点振捣时间以20～30s为宜，一般以混凝土表面呈水平并出现均匀的水泥浆和不再冒气泡为止。若不显著下沉，表示已振实，即可停止振捣。

七、处理粗糙面、收光面

混凝土浇筑成型后，用杠尺刮平，与两侧的边模顶部持平，保证墙板的混凝土标高。刮去多余的混凝土并用木抹子进行粗抹。

待混凝土收水并开始初凝，用铁抹子抹光面，达到表面平整、光滑。混凝土浇筑完毕后静置0.5h初凝，待混凝土内气泡排出后，使用铁抹子精工抹平，力求表面无抹子痕迹，满足平整度要求。

有预埋件部位的混凝土，应用专用工具将预埋件周圈混凝土压平压光，不得出现凹凸不平。收面时注意线盒与洞口处灰浆的清理，防止钻灰。平整度偏差控制在±3mm。混凝土层厚度根据设计确定，允许偏差-5mm。

混凝土浇筑后，在混凝土初凝前和终凝前宜分别对混凝土裸露表面进行抹面处理。抹面时将出筋部位露出的混凝土清理干净。

八、工完料清

混凝土达到初凝前，将模具豁口部位外漏的混凝土清理干净。由于外漏混凝土影响模具拆除，所以必须将豁口部位混凝土浆清理（清洗）干净。沿混凝土面将灌浆套筒的注浆、出浆孔外露的塑料管切平。混凝土浇筑完以后，需要把平台上、地面散落的混凝土清理干净。

二维码16 处理混凝土
粗糙面及收光面

知识拓展

试块制作

与预制构件同种配合比的混凝土每工作班取样一次，做抗压强度试块不少于4组（每组3块），分别代表脱模强度、备用脱模强度、出厂强度及28d强度。试块与构件同时制作、同条件蒸汽养护，出模前由试验员压试块并开出混凝土强度报告，构件达到脱模强度方可起吊脱模。

【任务评价】

班级		姓名		学号	
考核项目		考核内容		评分等级（A、B、C）	
生产前准备	劳保用品准备	佩戴安全帽			
		穿戴劳保工装、防护手套			
	隐蔽工程验收与检验	对模具、钢筋、钢筋网、连接套管、连接件、预埋件、吊具、预留洞口、混凝土保护层进行验收与检验			
外叶板浇筑布料	控制布料厚度	浇筑混凝土前沿边模内侧标出60mm控制线			
	正确使用布料机	混凝土领料；正确调整布料机位置；混凝土应布料均衡，根据构件的尺寸调整布料机的混凝土下料速度			
外叶板振捣	正确使用振捣台	控制振捣时间；振捣密实，消除空鼓和气泡			
人工整平	正确使用工具进行混凝土面抹平				
铺设保温板	保温材料铺设排列紧密				
	保温板按连接件设计位置进行预钻孔				
摆放拉结件	按连接件设计位置进行安装；校正墙板连接件的垂直度				
内叶板布料操作	正确使用布料机	混凝土应布料均衡，根据构件的尺寸调整布料机的混凝土下料速度			
	模具进行观察及维护	防止钢筋、模具、预埋件、线盒等发生偏移			
内叶板振捣操作	正确使用振动器	保证振动效果；振捣器不紧靠模具振动，避免碰撞钢筋、芯管、吊环、预埋件等			
处理粗糙面、收光面	正确使用抹平工具	保证墙板的混凝土标高，表面不得出现凹凸不平的状况			
工完料清	模具外漏混凝土，平台上、地面散落的混凝土清理干净				

任务三　预制混凝土叠合楼板浇筑

【任务说明】

生产流程为：生产前准备→混凝土布料→混凝土振捣→收光面、粗糙面处理。

一、生产前准备

① 着装、卫生检验。

② 清理模内环境。浇筑混凝土前应清理模内杂物，如木屑、泡沫板、多余小配件、浮土等，且模具内不得有积水。外叶挑出内叶部位铺塑料布，避免混凝土污染保温板面。

③ 隐蔽工程验收和技术复核。混凝土浇筑前应进行隐蔽工程验收和技术复核，逐项对模具、钢筋、钢筋网、连接套管、连接件、预埋件、吊具、预留洞口、混凝土保护层进行检验验收。

④ 明确生产要求。按照图纸混凝土等级要求要料，混凝土浇筑之前进行混凝土坍落度测试。坍落度一般为 180～200mm，并填写"混凝土记录单"。

注意：混凝土浇筑前，试验人员应检查混凝土质量，对于不合格的混凝土禁止使用。构件所使用的混凝土禁止私自加水。

二、混凝土布料

叠合板浇筑混凝土时，混凝土的布料厚度要均匀，不得有过厚或者过薄的问题；混凝土厚度偏差控制在 −2mm，需制作测量混凝土厚度辅助工具并多点测量，保证振捣后厚度均匀。楼板混凝土布料见图 3-12。

图3-12　楼板混凝土布料

三、混凝土振捣

振捣时间为 20s 左右，并以混凝土不再显著下沉、不出现气泡、开始泛浆时为准。

四、收光面、粗糙面处理

浇筑完成后，用钢丝刷等工具将外露桁架筋上部的灰渣清理干净，并对混凝土表面做收光面处理。粗糙面使用木抹子找平，并安排专职调筋人员，保证外露筋长度符合图纸要求，避免出现一头长一头短问题。

底板与后浇混凝土叠合层之间的结合面应做凹凸深度不小于 4mm 的人工粗糙面，粗糙面的面积不小于结合面的 80%。

预养护至收水初凝后，对其表面进行拉毛处理，拉毛深度不小于 4mm，间距不大于 30mm；若由于预养护时间过长导致拉毛机拉毛深度不足时，用铁耙子等工具对其进行人工拉毛，保证拉毛深度及间距；拉毛后用抹子在板面一侧预留 40cm×40cm 大小的区域做标记处理，留置位置应统一。

【任务评价】

班级		姓名		学号	
考核项目		考核内容		评分等级（A、B、C）	
生产准备工作	劳保用品准备	佩戴安全帽			
		穿戴劳保工装、防护手套			
	隐蔽工程验收与检验	对模具、钢筋、钢筋网、连接套管、连接件、预埋件、吊具、预留洞口、混凝土保护层进行验收与检验			
外叶板布料操作	控制布料厚度	浇筑混凝土前沿边模内侧标出60mm控制线			
	正确使用布料机	混凝土领料；正确调整布料机位置；混凝土应布料均衡，根据构件的尺寸调整布料机的混凝土下料速度			
叠合板振捣	正确使用振捣台	控制振捣时间，振捣密实，消除空鼓和气泡			
人工整平	正确使用工具进行混凝土面抹平				
处理粗糙面、收光面	正确使用抹平工具	保证墙板的混凝土标高，表面不得出现凹凸不平的状况			
工完料清	模具外漏混凝土，平台上、地面散落的混凝土清理干净				

任务四　预制混凝土楼梯板浇筑

【任务说明】

生产流程为：生产前准备→混凝土布料→混凝土振捣→收光面、粗糙面处理。

一、生产前准备

① 着装、卫生检验。

② 清理模内环境。浇筑混凝土前应清理模内杂物，如木屑、泡沫板、多余小配件、浮土等，且模具内不得有积水。外叶挑出内叶部位铺塑料布，避免混凝土污染保温板面。

③ 隐蔽工程验收和技术复核。混凝土浇筑前应进行隐蔽工程验收和技术复核，逐项对模具、钢筋、钢筋网、连接套管、连接件、预埋件、吊具、预留洞口、混凝土保护层进行检验验收。

④ 明确生产要求。按照图纸混凝土等级要求要料，混凝土浇筑之前进行混凝土坍落度测试。

为提高混凝土早期强度，加快生产效率，掺料中可加入矿粉，不得加入粉煤灰；坍落度在春、秋两季控制在 130 ～ 160mm，夏季控制在 150 ～ 180mm，冬季控制在 120 ～ 150mm。混凝土浇筑前必须做坍落度测试，坍落度不符合要求的不得使用。

二、混凝土布料

因楼梯直立生产，直立高度为 1 ～ 1.2m，故浇筑混凝土时应分段分层连续进行，具体应根据结构特点、钢筋疏密确定，一般为振捣器作用部分长度的 1.25 倍，最大不超过 40cm。浇筑宜按三层进行分层振捣，每层高度控制在 0.4m 以内，每层布料应连续、均匀。

浇筑混凝土应连续进行，如必须间歇（间歇的最长时间应按所用水泥品种、气温及混凝土凝结条件确定，一般超过 2h 应按施工缝处理），其间歇时间应尽量缩短，并应在混凝土凝结之前，将次层混凝土浇筑完毕。

三、混凝土振捣

① 使用插入式振捣器时应快插慢拔，插点要均匀排列，逐点移动，按顺序进行，不得遗漏，做到均匀振实。移动间距不大于振捣作用半径的 1.5 倍（一般为 30 ～ 40cm）。振捣上一层时应插入下层 50mm，以消除两层间的接缝。

② 使用平板振捣器振捣应使用振捣棒，并严格控制振捣频率及时间，以保证振捣密实。

蒸养之前需撤去平板振捣器，以防止蒸汽对平板振捣器造成损坏。模板周边和预埋件附近的混凝土应加强振捣密实。浇筑混凝土时应经常观察模板、钢筋、预留孔洞、预埋件和插筋等有无移动、变形或堵塞情况，发现问题应立即处理，并应在已浇筑的混凝土凝结前修整完好。

四、收光面、粗糙面处理

混凝土浇筑成型后，根据要求将其操作面抹平压光。处理混凝土收光面过程要求用压杠刮平，楼梯手压面应从严控制（平整度3mm内）。手工操作面应确保平整光滑，达到标准要求，一般做法为：

① 粗抹平：刮去多余的混凝土（或填补凹陷），进行粗抹。

② 中抹平：待混凝土收水并开始初凝，用铁抹子抹光面，达到表面平整、光滑。

③ 精抹平（1～3遍）：在初凝后，使用铁抹子精工抹平，力求表面无抹子痕迹，满足平整度要求。

注意：抹面前应检查混凝土面深10cm处石子含量，石子含量较少时，应将同级配石子拍打，使之进入混凝土。

【任务评价】

班级			姓名		学号	
考核项目		考核内容			评分等级（A、B、C）	
生产准备工作	劳保用品准备	佩戴安全帽				
		穿戴劳保工装、防护手套				
	隐蔽工程验收与检验	对模具、钢筋、钢筋网、连接套管、连接件、预埋件、吊具、预留洞口、混凝土保护层进行验收与检验				
外叶板布料操作	控制布料厚度	浇筑混凝土前沿边模内侧标出60mm控制线				
	正确使用布料机	混凝土领料；正确调整布料机位置；混凝土应布料均衡，根据构件的尺寸调整布料机的混凝土下料速度				
叠合板振捣	正确使用振捣台	控制振捣时间，振捣密实，消除空鼓和气泡				
人工整平	正确使用工具进行混凝土面抹平					
处理粗糙面、收光面	正确使用抹平工具	保证楼梯板侧面平整，表面不得出现凹凸不平的状况				
工完料清	模具外漏混凝土，平台上、地面散落的混凝土清理干净					

【项目测试】

一、单项选择题

1. （　　）工艺是目前预制构件的主流生产工艺。
  A. 平模   B. 挤出
  C. 立模   D. 正打法

2. （　　）用以连接外叶层混凝土与内叶层混凝土，并将外叶层的荷载、作用等长期传递至内叶层及主结构中，满足建筑造型、节能保温等需求。
  A. 保温板   B. 拉结件
  C. 立模   D. 垫块

3. 振捣台振捣过程中应合理控制振捣时间，过短会造成构件麻面，过长会造成混凝土离析，以下不合理的时间是（　　）。
  A. 60s   B. 80s
  C. 100s   D. 120s

4. 铺设保温板，保温材料铺设应（　　），通过拉结件将保温板与墙体进行固定，保温板设置间距依据国家规定。
  A. 松散排列   B. 紧密排列
  C. 后铺设   D. 不铺设

5. 根据混凝土强度等级要求要料，混凝土浇筑之前需进行混凝土坍落度测试，坍落度一般（　　）。
  A. 120～140mm   B. 160～180mm
  C. 180～200mm   D. 280～300mm

6. 浇筑混凝土应（　　）进行。
  A. 连续   B. 间歇
  C. 松散   D. 紧密

二、多选题

1. 外墙保温板材质有（　　）。
  A. EPS保温板   B. XPS保温板
  C. 硬质聚氨酯泡沫塑料   D. 金属板

2. 对混凝土成型过程中的构件可采用（　　）形成粗糙面的方法。
  A. 表面拉毛处理   B. 化学水洗露石
  C. 人工造毛   D. 机械凿毛

3. 外叶墙板混凝土振捣工具为（　　），内叶墙板混凝土振捣工具为（　　）。
  A. 振动台   B. 振捣棒
  C. 杠尺   D. 橡胶锤

4. 混凝土收面指的是用（　　　）在混凝土表面反复压抹，直至达到工程所需表面光洁要求。

  A. 铁抹子   B. 木抹子

  C. 铝合金刮尺   D. 钢尺

5. 底板与后浇混凝土叠合层之间的结合面应做凹凸深度不小于（　　　）的人工粗糙面，粗糙面的面积不小于结合面的（　　　）。

  A. 2mm   B. 4mm

  C. 70%   D. 80%

6. 预制混凝土楼梯板浇筑宜按（　　　）层进行分层振捣，每层高度控制在（　　　）以内，每层布料应连续、均匀。

  A. 二   B. 三

  C. 0.4m   D. 0.8m

三、简答题

1. 简述预制混凝土楼板混凝土浇筑流程。

2. 简述二次性浇筑工艺。

3. 简述粗糙面和键槽。

4. 简述混凝土振捣的注意事项。

预制混凝土构件养护及脱模

知识目标

1.熟悉预制构件常用的养护方式及养护设备；

2.掌握预制混凝土剪力墙、叠合板、楼梯养护流程及其脱模要求。

技能目标

1.能够完成养护窑构件出入库操作；

2.能够利用生产管理系统完成预制构件的养护条件设置；

3.能够按要求完成养护窑温湿控状态检测，并进行温度检测记录。

素质目标

1.培养学生具有一定的计划、组织与协调能力；

2.培养学生遵纪守法，自觉遵守职业道德和行业规范；

3.锻炼学生的团队意识和人际沟通能力。

任务一　夯实基础

一、养护方式

养护是水泥水化及混凝土硬化正常发展的重要条件，混凝土养护不好往往会使之前工作前功尽弃。混凝土浇筑后，为了保证水泥能充分进行水化反应，应该及时进行养护。养护目的就是为混凝土硬化创造必要的温度和湿度条件，确保混凝土的质量。

混凝土养护的方式一般有自然养护、喷涂薄膜养护和蒸汽养护三种。

1. 自然养护

自然养护又称覆盖浇水养护，是指在室外平均气温高于5℃的条件下，选择适当的材料进行覆盖并浇水，使混凝土在规定的时间内保持湿润的状态。

自然养护应符合下列规定：混凝土浇筑完毕后12h内应进行覆盖并浇水养护，浇水养护日期与水泥品种有关。对于硅酸盐水泥、矿渣硅酸盐水泥拌制的混凝土，不得少于 7d；对于抗渗混凝土、混凝土中掺缓凝型外加剂、火山灰硅酸盐水泥、粉煤灰硅酸盐水泥拌制的混凝土，不得少于 14d。浇水的次数应以能保持混凝土湿润状态为准。平均气温低于 5℃时，不得浇水。

2. 喷涂薄膜养护

喷涂薄膜养护又称化学保护膜养护。它是用喷枪将过氯乙烯树脂养护剂喷涂在混凝土表面，溶剂挥发后在混凝土表面形成一层塑料薄膜，把混凝土与空气隔绝，阻止其中水分的蒸发以保证水泥水化作用的正常进行。有的薄膜在养护完成后能够自行老化脱落，否则，不能用于混凝土表面要进行粉刷的墙面上。喷涂薄膜适用于不宜洒水养护的高耸构筑物和大面积混凝土结构。在夏季，薄膜成形后要注意防晒，否则容易产生裂纹。

3. 蒸汽养护

蒸汽养护就是将构件放置在有饱和蒸汽或蒸汽空气混合物的养护室内，在较高的温度和相对湿度的环境中进行养护。蒸汽养护可实现加速混凝土凝结硬化，缩短脱模时间，加快模具周转，提高生产效率，提高预制构件质量。蒸汽养护主要用于预制构件厂生产预制构件。蒸汽养护过程分为四个阶段：静停阶段、升温阶段、恒温阶段、降温阶段。

混凝土预制构件用蒸汽发生器养护，加温加湿可同时进行，让预制品升温阶段升温速度不宜过快，以免预制构件表面和内部产生过大温差而出现裂纹；恒温阶段混凝土强度增长最快，混凝土表面需保持 90%～100% 的相对湿度，降温阶段的降温速度也不宜过快。

蒸汽养护应符合下列规定：

① 静停阶段：静停时间不宜低于 2h，以防止构件表面产生裂缝和疏松。

② 升温阶段：升温速率不宜超过 20℃/h。

③ 恒温阶段：预制混凝土构件，养护最高温度为 70℃，恒温养护时间应不小于 3h。

④ 降温阶段：降温的速度不得超过 20℃/h。构件出池后，蒸养罩内外温差小于 20℃时方可进行脱罩作业，以免由于构件温度梯度过大造成构件表面出现裂缝。

二、养护设备

1. 养护窑

养护窑（图 4-1）由窑体、蒸汽系统（或散热片系统）、温度控制系统等组成。养护窑根据养护介质不同分为热水养护窑和蒸汽养护窑，行业内主要使用蒸汽养护窑，其设备成本也较低。

2. 码垛机

码垛机（图 4-2，又称模台存取机）将振捣密实的 PC 构件及模具送至立体养护窑指定位置，将养护好的水泥构件及模具从养护窑中取出并送回生产线上，输送到指定的脱模位置。码垛机由行走系统、大架、提升系统、吊板输送架、取／送模机构、纵向定位机构、横向定位机构、电气系统等组成。码垛机根据行走轨道位置分为天轨和地轨，天轨的轨道在养护窑顶上，所以需要有两个养护窑才能抬起一个码垛机；地轨的轨道在地上。但是轨道不能放在流水线中间，这样会使流水线中断，所以地轨的养护窑只能放流水线端部。

图4-1　养护窑

图4-2　码垛机

3. 蒸养温控系统

其是利用电脑温控系统以及窑内各个测温探头，自动调节控制蒸汽管道进气量和气压大小的设备。图4-3、图4-4分别为蒸养温控室和码垛机监控界面。

二维码17　蒸养库工位

图4-3　蒸养温控室

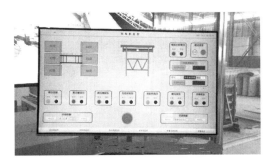

图4-4　码垛机监控界面

任务二　预制混凝土剪力墙养护及脱模

【任务说明】

预制混凝土剪力墙浇筑完成后，进入构件养护工序。本节主要以蒸汽养护为主要的养护方式作养护工序的介绍。预制混凝土剪力墙蒸养主要完成蒸养前准备、蒸养库温度控制、蒸养库湿度控制、构件入库蒸养、构件出库等工序。

一、生产前准备

1. 操作人员着装与卫生检查

操作人员上岗之前应进行岗位培训，严格按照安全帽佩戴要求，进行作业前劳保工装、防护手套要穿戴标准，同时就蒸养窑各阶段温度、湿度控制等对作业人员进行技术交底。

2. 蒸养设备检查

预制构件蒸养前，应对养护设施设备进行调试、工况检验和安全检查，确认其符合生产要求。具体检查项目有：检查养护窑防护密闭情况，保证密封且不漏气；认真检查水、电系统是否可以正常使用；蒸汽养护的锅炉是否正常运转；码垛机设备运转是否正常等。

注意：同种配合比的混凝土每工作班取样一次，做抗压强度试块不少于 4 组（每组 3 块），分别代表脱模强度、备用脱模强度、出厂强度及 28d 强度。试块与构件同时制作、同条件蒸汽养护（试块置于模具操作平台），出模前由试验室检验试块并开出混凝土强度报告，构件达到脱模强度方可起吊脱模。

二、控制养护条件和状态监测

蒸汽养护从获得混凝土优质结构及性能的目的出发，宜采用长预养、缓升温、低恒温、慢冷却的工艺完成养护。升温速度、恒温温度及降温速度应不超过方案规定的数值。

1. 养护条件

蒸汽养护过程分为四个阶段：静停阶段、升温阶段、恒温阶段、降温阶段。预制混凝土剪力墙蒸汽养护各阶段温度、湿度控制要求如下：

静停阶段：构件混凝土灌筑完毕至混凝土终凝之时的养护期为静停期。静停期间应保持温度不低于 5℃，时间为 2～3h。可向蒸养窑内供给少量的蒸汽，将窑内温度控制在 20℃ 以内。

升温阶段：温度由静停阶段升至规定的恒温阶段为升温期。这一阶段的温度不能上升过快，否则会使混凝土表面因体积膨胀太快而产生裂缝，升温速度不得大于 20℃/h。

恒温阶段：温度不宜超过 70℃，恒温期一般保持 4～8h，具体时间可根据试验确定。夹心保温外墙板采取蒸汽养护时，还应考虑保温材料的热变形特点，养护温度不宜大于 50℃，以防止保温材料变形造成对构件的破坏。

降温阶段：降温是蒸养的关键阶段，施工时要严格控制。按规定恒温时间，取出同条件养护的混凝土抗压试件，经试验检测达到混凝土脱模强度后，停止供蒸汽降温，降温速度不大于 20℃/h。如检查试件达不到脱模强度的要求，则按试验室的通知延长恒温时间，直至混凝土达到脱模强度后方能降温。降温至 25℃ 以下，且构件表面温度与环境温度之差不超过 15℃ 时，方可撤除保温设施和测试仪表。图 4-5 为预制混凝土剪力墙养护条件设置。

养护曲线显示	养护条件设置	
设定温度(℃)	升温速率(℃/h)	设定湿度(%)
50.0	10.0	90.0
40.0	10.0	90.0
40.0	10.0	90.0
40.0	10.0	90.0
40.0	10.0	90.0
52.0	10.0	90.0

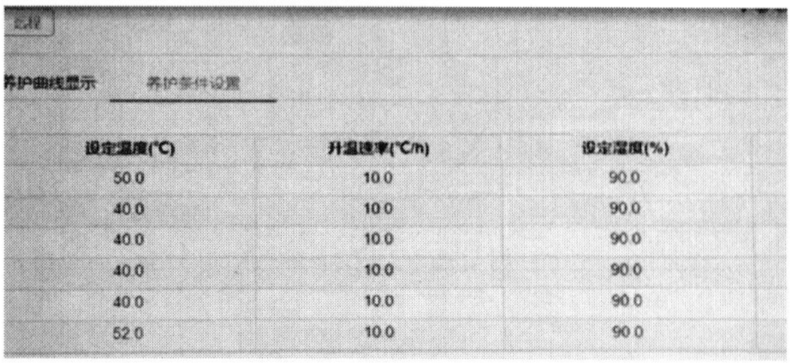

图4-5 预制混凝土剪力墙养护条件设置

2. 温控状态检测

在养护过程中，通蒸汽以后应指定专人定时检查温控系统，并做好记录。当发现混凝土灌筑温度、内外温差或升降温速率出现异常时，立即报告，分析原因，采取措施。

温控仪对窑内的温度要求如下：升温、恒温、降温时每 0.5h 记录一次 1 次，并填写测温记录表。试验室工作人员要每天实事求是抄录一次前一天的温度变化情况，不得有误。窑内各部位的温差应尽量控制一致，构件两端与跨中、顶面与底面之间相对温差不宜大于10℃。图 4-6 为预制混凝土剪力墙温湿控状态监测界面。蒸汽养护测温记录表见配套资源。

护曲线显示　养护条件设置	
实际/设定温度℃	实际/设定湿度%
40.3/50.0	62.1/90.0
38.7/40.0	65.2/90.0
36.1/40.0	83.5/90.0
35.6/40.0	82.6/90.0
36.3/40.0	67.5/90.0
36.9/52.0	52.7/90.0

图4-6　预制混凝土剪力墙温湿控状态监测界面

蒸养库温度合理范围在 40～60℃，湿度在 95% 以上，若温度或湿度不合理需要进行调整。温度重置后，蒸养库温度通过温度模型遵循温度升降变化，在一定时间内达到设定温度。

蒸汽养护结束后，应立即进入自然保湿养护，并按自然养护工艺办理。

三、养护窑构件出入库操作

1. 构件入库蒸养

操作控制台，开启控制电源，使操作模台前进并行驶到码垛机上。通过监控界面查看蒸养库闲库位，进行入库操作，并将模台送入蒸养库。

二维码18　养护条件和状态监测

2. 构件出库

① 根据蒸养库监控界面，对蒸养符合出库条件的构件进行出库操作，出库条件为构件强度达到目标强度的 75% 以上。将蒸养库内构件运送至码垛机，通过码垛机运送至出料口，并开始起板工序。

② 预制构件出库后，当混凝土表面温度和环境温差较大时，应立即覆盖薄膜养护。

四、养护设备保养及维修要求

① 在设备使用中，应对安全阀加以维护和检查，当设备闲置较长时间重新使用时，应扳动安全阀上小扳手，检查阀芯是否灵活，防止因弹簧锈蚀影响安全阀起跳。

② 压力表应按规定期限进行检定，保证安全使用。日常使用中，若压力表指示不稳定或不能恢复到零位，应及时予以检修或更换新表。

③ 在日常使用中如发现螺丝、螺母松动现象，应及时加以紧固，确保正常使用。

五、构件的脱模

1. 构件脱模要求

① 构件蒸养后，脱模强度应满足设计要求；无设计要求时，应根据构件脱模受力情况确定，且同条件养护的混凝土立方体试件抗压强度达到设计混凝土强度等级值的 75% 以上。蒸养罩内外温差小于 20℃时方可进行脱模作业。

② 构件脱模应严格按照顺序拆除模具，不得使用振动方式拆模。

③ 构件脱模时应仔细检查确认构件与模具之间的连接部分，完全拆除后方可起吊。

2. 模具拆除、清理

混凝土在初凝后拆除模板螺丝，将模板松动，模板待蒸养 8h 之后可以拆模。

拆除配件。拆除边模上的豁口封堵，之后拆除固定模台与模具之间的固定卡子以及构件上预留孔的保护帽。

拆除模具。轻轻敲击边模具两侧端部（此部位没有现浇结构），使模具松动。拆除模具过程中，注意对混凝土构件、模具的成品保护，特别是与边模紧邻部分的混凝土构件现浇结构部分。图 4-7 为工厂预制剪力墙脱模过程。

除边模上刷脱模剂一侧可不用清理外，其他各面需清理干净。清理完毕后，边模堆放整齐，漏浆封堵件收集到工具盒中，不得随意丢放。

模具拆除完毕之后，及时对模具进行清理，包括模具上的混凝土残渣、污染物等。其中，清理过程中要清理模具底部（即与模台接触部分），以免出现底部有混凝土残渣未清理，导致再次浇筑混凝土时，出现内墙标高偏高、混凝土用量出现偏差等问题。

图4-7 预制剪力墙脱模

3. 水洗粗糙面

将模台前进至水洗工位，内墙侧面需进行粗糙面处理，通常也将这种方式称为"水洗面"。

成品出模起吊至水洗工作区后在 24h 之内，用高压水枪进行冲毛处理，冲毛设备压力要足够大，冲毛距离不宜超过 500mm；冲毛时间不能过短，要保证冲毛后截面石子外露，骨料均匀；进入冲毛区的每块板都要冲毛，严禁不冲或少冲。冲毛完成后对残留在板表面的灰渣用高压水枪及时清理。冲毛设备压力不足时，可先使用钢丝刷人工刷毛，再使用水枪冲刷。

缓凝剂操作注意事项如下：

现浇混凝土之间的竖向结合面作成水洗面，水洗后露出骨料尺寸为骨料粒径的 1/3。由于露骨料部位往往是要现场浇筑混凝土的，对构件表面尺寸的精度要求不是很高，因此使用过程中不要每次都清理模具表面黏附的水泥，而是将水洗剂直接涂刷在水泥表面，这样更容易吸附和干透。同时可以保持模具水泥里面的药剂逐步缓释，使用效果更好，同时也可减少每次涂刷用量，节约药剂。

4. 构件表面处理

预制构件脱模后，及时进行表面检查，对缺陷部位进行修补。

六、构件吊装

预制构件脱模起吊时，混凝土强度实测值不应低于设计要求。

构件部品起吊前，应确认部品与模具间的连接部分完全拆除后方可起吊。通过翻转平台（起立机）将墙立起之后，再通过车间内的天车将其吊至门口处的摆渡车上，将其摆渡出车间外。

二维码19　脱模起吊要求

七、质量检验

构件达到设计强度后，应根据构件设计图纸逐项检查。

检查内容包括构件外观与设计是否相符、预埋件情况、混凝土试块强度、表面瑕疵和现场处理情况，确保不合格产品不出厂。质检表格不少于一式三份，随构件发货两份，存档一份。

具体预制构件检验方法见项目六任务四，检查完整后填写"预制墙板类／板类构件质量检验记录"，并开具"预制混凝土构件出厂合格证"。

知识拓展

修补、标记及养护

预制构件的外观质量不应有严重缺陷。对于出现的一般缺陷应采用专用修补材料进行修复和表面处理。预制构件外观质量判定方法见表4-1。

表4-1　预制构件外观质量判定方法

项目	现象	质量要求
露筋	钢筋未被混凝土完全包裹而外露	受力主筋不应有，其他构造钢筋和箍筋允许少量
蜂窝	混凝土表面石子外露	受力主筋部位和支撑点位置不应有，其他部位允许少量
孔洞	混凝土中孔穴深度和长度超过保护层厚度	不应有
夹渣	混凝土中夹有杂物且深度超过保护层厚度	禁止夹渣
外形缺陷	内表面缺棱掉角、表面翘曲、抹面凹凸不平，外表面面砖粘接不牢、位置偏差、面砖嵌缝没有达到横平竖直，转角面砖棱角不直、面砖表面翘曲不平	内表面缺陷基本不允许，要求达到预制构件允许偏差；外表面仅允许极少量缺陷，但禁止面砖粘接不牢；位置偏差、面砖翘曲不平不得超过允许值

续表

项目	现象	质量要求
外表缺陷	内表面麻面、起砂、掉皮、污染，外表面面砖被污染、窗框保护纸被破坏	允许少量不影响结构使用功能的情况（如污染）和结构尺寸的缺陷存在
连接部位缺陷	连接处混凝土缺陷及连接钢筋、拉结件松动	不应有
破损	影响外观	影响结构性能的破损不应有，不影响结构性能和使用功能的破损不宜有
裂缝	裂缝贯穿保护层到达构件内部	影响结构性能的裂缝不应有，不影响结构性能和使用功能的裂缝不宜有

【任务评价】

班级		姓名		学号	
考核项目		考核内容		评分等级（A、B、C）	
生产准备工作	劳保用品准备	佩戴安全帽			
		穿戴劳保工装、防护手套			
	设备检查	蒸养设备温湿度检查			
	注意事项	同条件试块检验准备			
构件出入库	模台移动操作	运输模台到码垛机位置			
	码垛机操作	码垛机构件入窑、出窑			
蒸养条件设置	蒸养温湿控制系统操作	升温控制			
		降温控制			
		湿度控制			
构件脱模					
构件吊装					

任务三　预制混凝土叠合楼板养护及脱模

一、生产前准备

① 着装检查、卫生检查和温度检查。

② 叠合层粗糙面处理。浇筑振捣完成后，对其进行预养护，预养护至收水初凝后，对其表面进行拉毛处理，拉毛深度不小于 4mm，间距不大于 30mm；若由于预养护时间过长导致拉毛机拉毛深度不足时，用铁耙等工具对其进行人工拉毛，保证拉毛深度及间距；拉毛后用抹子在板面一侧预留 40cm×40cm 大小的区域做标记处理，留置位置应统一，要求压

光面构件。图 4-8 为拉毛装置，图 4-9 为叠合层拉毛表面。

图4-8　拉毛装置

图4-9　叠合层拉毛表面

如果粗糙面深度过浅或达不到规范要求，会导致底板无法跟现浇层混凝土有效的连接，达不到设计规范中"等同现浇"的效果。因此，在构件生产过程中要严格按照要求，控制好粗糙面深度。

进入养护窑前（图 4-10），拔出叠合板边缘防漏卡件（或 PE 棒，图 4-11）。

图4-10　叠合板入窑前

图4-11　防漏卡件

二、控制养护条件和状态监测

监控蒸养库温度与湿度，如果温度和湿度不合理要进行调整。构件浇筑成型后放入蒸养窑进行蒸汽养护，具体视脱模强度而定；降温速度不得超过 15℃/h，采用加盖毡布通蒸汽进行养护。蒸养制度为：覆盖静停→升温阶段→恒温阶段→降温阶段。

覆盖静停：构件浇筑成型后用苫布覆盖严密，时间为 2～4h(根据天气情况而定)，夏季做好保水保湿工作，严禁表面开裂；冬季保证蒸汽养护温度不低于 2℃。

升温阶段：升温速度控制在 15℃/h，升温过快容易导致构件成品颜色发绿甚至蒸爆，构件没有强度。

恒温阶段：恒温温度控制在 58～60℃，最高温度不得超过 60℃，冬季恒温时间控制在 6h 左右 (夏季 4h)，具体视脱模强度而定。

降温阶段：降温速度不得超过 15℃/h，当构件温度与大气温度相差不大于 20℃时，方可解除覆盖，并进行脱模处理。冬季蒸汽养护总时间不得少于 12h (夏季 10h)，设立专人进行测温，测温员注意蒸汽阀的调节，保证养护温度控制在要求范围之内，每小时测温一次并做好温度记录。

蒸汽养护时，蒸养罩应覆盖紧密，检查边角或底部是否漏气，避免浪费。严禁将蒸汽管正对构件，防止局部温度过高，颜色发绿或者爆皮。

三、养护窑构件出入库操作

1. 构件入库蒸养

操作控制台，开启控制电源，使操作模台前进并行驶到码垛机上，通过监控界面查看蒸养库闲库位，进行入库操作，并将模台送入蒸养库。

2. 构件出库

① 根据蒸养库监控界面，对蒸养符合出库条件的构件进行出库操作，出库条件为构件强度达到目标强度的 75% 以上。结合码垛机将蒸养库内构件运送至码垛机，通过码垛机运送至出料口，并送至起板工序。

② 预制构件出库后，当混凝土表面温度和环境温差较大时，应立即覆盖薄膜养护。

3. 养护设备保养及维修要求

养护设备保养参见预制混凝土剪力墙的部分。

4. 构件脱膜操作

① 观察混凝土试块强度，符合条件后即可脱模。当构件温度与大气温度相差不大于 20℃时，构件方可进行脱模起吊。试块与构件同时制作、同条件蒸汽养护，脱模前试验人员对试块试压并开出混凝土强度报告，试块达到脱模强度要求后方可起吊脱模，在未接到混凝土强度报告时，禁止私自起吊作业。叠合板长度小于 3500mm 的，混凝土强度达到设计强度等级的 85% 时方可脱模。对于叠合板长度大于 3500mm 的，混凝土强度达到设计强度等级的 100% 时才可以脱模。

② 脱模时，首先拆除模具上的螺丝、定位销，脱模过程严禁野蛮施工、破坏模具。脱

膜吊装过程中，根据构件形状、尺寸、重量、吊点数量要求选择适宜的吊具。尺寸较大的构件选择设置分配梁或分配桁架的吊具吊装，在吊装过程中，吊索与构件水平夹角不宜小于60°，不应小于45°，并保证吊车主钩位置、吊具及构件重心在竖直方向重合。吊装过程中，应慢起慢落，注意构件的保护工作，避免损坏、外露筋弯折严重等问题发生。

5.四周粗糙面处理

构件成品出模后对四边粗糙面用高压水枪进行冲毛处理。冲毛时间不能过短，冲毛设备压力不足时，可先使用钢丝刷人工刷毛，再使用水枪冲刷。作业要求为保证粗糙面石子外露均匀，连续分布。

对入库的叠合板进行检查，如果发现叠合板粗糙面仍然为光面，使用钢丝刷对其进行二次处理，保证粗糙面石子外露均匀、连续分布，保证毛糙面质量。

四、质量检验

预制构件拆模后应及时对其外观质量进行全数目测检查，对其尺寸偏差进行抽样实测检查；对于出现的外观质量一般缺陷应按技术方案要求对其进行处理，并对该预制构件外观质量进行重新检查。预制构件的结构性能检验应符合现行国家标准《混凝土结构工程施工质量验收规范》（GB 50204—2015）的规定。

知识拓展

规范解析：预制构件粗糙面

《装配式混凝土结构技术规程》（JGJ 1—2014）的第2.1.9条规定：混凝土粗糙面是预制构件结合面上的凹凸不平或者骨料显露的表面，简称粗糙面。

该规程第6.5.5条规定，预制构件与后浇混凝土、灌浆料、坐浆材料的结合面应设置粗糙面、键槽，并应符合下列规定。

（1）预制板与后浇混凝土叠合层之间的结合面应设置粗糙面。

（2）预制剪力墙顶部和底部与后浇混凝土的结合面应设置粗糙面；侧面与后浇混凝土的结合面应设置粗糙面，也可以设置键槽。

（3）粗糙面的面积不宜小于结合面的80%，预制板的粗糙面凹凸深度不应小于4mm，预制梁端、预制柱端、预制墙端的粗糙面凹凸深度不应小于6mm。

根据《装配式混凝土结构技术规程》（JGJ 1—2014）的规定，预制构件在工厂生产加工时应对预制构件与后浇混凝土、灌浆料、坐浆材料的结合面部位及叠合板的顶部进行粗糙面加工，预制构件进入施工现场要由相关单位对其粗糙面进行验收，确保粗糙面能满足设计要求。

任务四　预制混凝土楼梯板养护及脱模

一、生产前准备

进行着装检查、卫生检查和温度检查。

二、控制养护条件和状态监测

预制混凝土楼梯板养护条件设置、状态检测与预制混凝土叠合楼板的养护相同。待合模后开始准备蒸养，蒸养前先将篷布支撑架以每50cm左右间距一个排列整齐，然后覆盖篷布，覆盖篷布时要严密，防止蒸汽外漏。

构件浇筑成型后覆盖进行蒸汽养护，蒸养制度为：覆盖静停→升温→恒温→降温，根据天气状况可做适当调整。覆盖静停1～3h（具体时间根据天气情况确定）进行蒸汽养护；升温2～3h，速度控制在15～20℃/h；恒温5～8h且不得超过60℃；降温2～3h，降温速度不得超过15℃/h。当构件的温度与大气温度相差不大于20℃时，构件可撤除覆盖进行脱模。蒸汽养护时要用温度计测温并做好记录。蒸汽时间需根据天气情况适当调整。

三、养护窑构件出入库操作

预制混凝土楼梯板出入库操作与状态检测参见预制混凝土叠合楼板的操作。

四、养护设备保养及维修要求

养护设备保养参见预制混凝土剪力墙部分。

五、构件脱膜操作

预制楼梯脱模出池吊装需满足以下要求：

① 预制楼梯混凝土构件同条件养护的混凝土立方体试件抗压强度达到设计混凝土强度等级值的75%时，方可脱模。

② 脱模前要将固定模板的全部螺栓拆除，再打开侧模，用龙门吊绳勾住出池吊装用吊环，将构件垂直吊出，吊装时混凝土强度实测值不应低于设计要求。起吊注意须直立，若起吊时踏步面粘模，用大锤轻敲踏步侧模具顶部。在吊装过程中，吊索与构件水平夹角不宜小

于 60°，不应小于 45°，并保证吊车主钩位置、吊具及构件重心在竖直方向重合。

③ 吊出的预制楼梯放在橡胶垫或其他缓冲物上，然后将吊车吊钩挂在构件顶部，吊环（或用吊带捆住）徐徐起吊进行翻转。翻转时应注意不损伤构件。

六、质量检验

预制楼梯外观质量、尺寸偏差及结构性能应符合设计要求。预制楼梯的外观质量不应有严重缺陷，不宜有一般缺陷。不应有影响结构性能和安装、使用功能的尺寸偏差。构件脱模后存在的一般缺陷，经质检员判定，不影响结构受力的缺陷可以修补。

> **知识拓展**
>
> ### 构件缺陷修复
>
> 修补流程为：材料及工具准备 → 基层清理 → 修补材料调配及修整 → 养护 → 表面修饰。缺陷修理方案如下：
>
> ① 面积较小且数量不多的蜂窝、砂眼、缺棱掉角、大气泡或露石子的混凝土表面，先用钢丝刷去相应松动部分，再用清水冲洗干净待修理表面的基层，然后用 1∶2 的水泥砂浆抹平。
>
> ② 面积较大的蜂窝、缺棱掉角、露筋或露石子的混凝土表面应按其全部深度凿除其周围的薄弱松动混凝土，再用清水冲洗干净待修理的基层表面，然后用比原混凝土强度等级高一级的细石混凝土填塞，并仔细捣实抹平。
>
> ③ 阴阳角部位裂缝用 325 水泥掺防水胶按比例调制，清除表面浮灰后，用毛刷蘸取修补料涂刷裂缝处。
>
> ④ 因预制楼梯为表面颜色要求较高的清水构件，故应尽量避免色差。修复时应在修补厚度上预留出 2～3mm 颜色调整层，使用与表面颜色接近的修补材料进行最终罩面修补。对于底部或端头发黑的部位，可以采用色浆（普通水泥、水不漏、钛白粉、修补砂浆、KE 胶等）进行处理。
>
> ⑤ 修整后的混凝土构件应采取措施进行保温保湿养护。
>
> 二维码20　构件修补

【项目测试】

一、单项选择题

1. 目前普遍使用的混凝土预制构件养护方式是覆膜保湿的自然养护或（　　）。
   A. 干热养护　　　　　　　　　　　　B. 湿热养护

    C. 喷涂薄膜化学养护   D. 蒸汽养护

  2. 混凝土预制构件覆膜保湿的自然养护是在自然环境下进行养护，保持混凝土表面湿润，养护时间不少于（　　　）d。

    A. 5   B. 6

    C. 7   D. 8

  3. 预制叠合楼板采用拉毛处理方法时应在混凝土达到（　　　）完成。

    A. 初凝前   B. 初凝后

    C. 终凝前   D. 终凝后

  4. 夹心保温外墙板采取蒸汽养护时，养护温度不宜大于（　　　）℃，以防止保温材料变形造成对构件的破坏。

    A. 30   B. 40

    C. 50   D. 60

  5. 楼梯蒸养降温阶段完成后，模内温度与外界温差不大于（　　　）℃，测试其强度，达到拆模强度后即可组织拆模。

    A. 5   B. 10

    C. 15   D. 20

二、多项选择题

  1. 蒸养的过程可分为（　　　）等阶段。

    A. 保温   B. 降温   C. 静停

    D. 升温   E. 恒温

  2. 构件脱模要求正确的是（　　　）。

    A. 可使用振动方式脱模

    B. 构件蒸养后，蒸养罩内外温差小于20℃时方可进行脱模作业

    C. 构件脱模应严格按照顺序拆除模具，脱模顺序应按与支模顺序相反的步骤进行，应先脱非承重模板后脱承重模板，先脱帮模再脱侧模和端模，最后脱底模

    D. 构件脱模时应仔细检查确认构件与模具之间的连接部分，完全拆除后方可起吊

    E. 用后浇混凝土或砂浆、灌浆料连接的预制构件结合处，设计有具体要求时，应按设计要求进行粗糙面处理；设计无具体要求时，可采用化学处理、拉毛或凿毛等方法制作粗糙面

  3. 预制剪力墙粗糙面的面积不宜小于其结合面的（　　　），且粗糙面凹凸不应小于（　　　）。

    A. 80%   B. 70%   C. 3mm

    D. 5mm   E. 6mm

  4. 预制剪力墙的顶面、底面和两侧面应处理为（　　　）或者制作（　　　）

    A. 光滑面   B. 粗糙面   C. 沟槽

    D. 拉毛   E. 键槽

  5. 混凝土板构件蒸养应（　　　）。

    A. 保证蒸汽养护期间冷凝水不污染构件

B. 严格按养护制度进行养护，不得擅自更改

C. 规定测温制度：静停和升、降温阶段每小时测1次，恒温阶段每两小时测1次，出池时应测出池温度，并要作测温记录

D. 严禁将蒸汽管直接对着构件

E. 试块放置在池内构件旁，对准观察口方便取出的地方，上面覆盖塑料布以防冷凝水

三、简答题

1. 简述蒸汽养护的过程。
2. 简述水洗粗糙面操作要点。

预制混凝土构件存放及防护

知识目标

1. 清楚预制构件产品标识的内容，理解对应构件名称含义；

2. 掌握预制混凝土剪力墙、叠合板、预制混凝土楼梯场地堆放的要求，清楚对应预制构件应采取的防护措施。

技能目标

1. 能够按照预制混凝土剪力墙、叠合板、预制混凝土楼梯存放要求，进行预制构件堆放；

2. 能够按照预制构件场地存放要求，对库存区构件做好防护。

素质目标

1. 培养学生具有一定的计划、组织与协调能力；

2. 培养学生具有良好的职业道德和敬业精神。

任务一　夯实基础

一、预制构件产品标识

预制构件生产完成后，生产单位应在构件上标明产品标识和安装方向符号，产品标识可采用喷涂、RFID、二维码等形式，标识内容应包含生产单位、项目名称、产品编号、构件型号、产品重量、生产日期、合格标识等。如产品编号为 ××× 项目 1#2F—YWQ01—001，注释为 ××× 项目 1# 楼 2 层 - 预制外墙 01-001。

构件标识位置应置于非清水外露面，在构件显眼、容易辨识的位置，且在堆放与安装过程中不容易被损毁。内外墙板标识一般标注在构件侧面；叠合板、标识在水平表面拉毛面，位置可以统一在构件一端中间桁架筋的空档处及四角，且不少于 2 处。标识应采用统一的编制形式，宜采用喷涂法或印章方式制作标识。某剪力墙构件及叠合板构件标识见图 5-1 和图 5-2。

图5-1　剪力墙构件标识

图5-2　叠合板构件二维码

预制混凝土构件出厂合格证见图 5-3。

预制混凝土构件出厂合格证			资料编号		
工程名称及使用部位			合格证编号		
构件名称		型号规格		供应数量	
生产单位			构件编号		
标准图号或设计图纸号			混凝土设计强度等级		
构件生产日期	至		构件出厂日期	年　月　日	
性能检验评定结果	混凝土抗压强度			主筋	
	试验编号	达到设计强度/%	试验编号	试验结论	
	外观			面层装饰材料	
	质量状况	规格尺寸	试验编号	试验结论	
	保温材料			保温连接件	
	试验编号	试验结论	试验编号	试验结论	
	钢筋连接套筒			结构性能	
	试验编号	试验结论	试验编号	试验结论	
备注			结论：		
构件生产单位技术负责人		填表人		构件生产单位名称（盖章）	
填表日期：					

图5-3　预制混凝土构件出厂合格证

二、构件存放区要求

① 库区应提前规划合理，以方便作业、提高库区利用率和作业效率、提高构件保管质量，依据专业化、规范化、效率化的原则对库区的使用进行分区的规划。避免出厂时来回倒运构件、反复翻找构件。

② 预制构件应按规格、型号、使用部位、出厂和吊运顺序分别设置存放场地，存放场地宜设置在起重设备有效工作范围内，见图5-4。

③ 应按照构件类型、规格型号、检验状态分类存放，产品标识应明确、耐久，预埋吊件应朝上，标识应向外。堆垛之间宜设置通道。

④ 预制构件存放库区宜实行分区管理和信息化台账管理。

⑤ 预制构件的存放场地宜为混凝土硬化地面，满足平整度和地基承载力要求，并应有排水措施。

⑥ 构件厂家应根据构件存放时间合理设置垫块支点位置，确保预制构件存放稳定，支点宜与起吊点位置一致。

图5-4 设置场地与起重设备

⑦ 成品库管理人员应与生产班组做好构件交接记录，记录内容应明确工程、构件型号、数量、外观质量等情况。

⑧ 库管员应加强码放区管理，对码放构件实行监督，有异常问题时及时上报。禁止外部人员对堆放的构件进行踩踏、推动等施加外力行为。禁止在构件上倾倒垃圾、泼洒污水。

⑨ 预制墙板可采用插放或靠放存放，支架应有足够的刚度，并支垫稳固。预制外墙板宜对称靠放、饰面朝外，且与地面倾斜角度不宜小于80°。构件存放时，应合理设置垫块支点位置，支点宜与起吊点位置一致。薄弱构件、构件薄弱部位和门窗洞口应采取防止变形开裂的临时加固措施。

⑩ 预制板类构件可采用叠放方式，构件层与层之间应垫平、垫实，各层支垫应上下对齐，预制楼板、叠合板、阳台板和空调板等构件宜平放，叠放层数不宜超过6层；长期存放时，应采取措施控制预制预应力构件起拱值和叠合板翘曲变形。

⑪ 预制柱、梁等细长构件宜平放且采用条形垫木支撑。

⑫ 与清水混凝土面接触的垫块应采取防污染措施。

三、吊装工具

吊装工具系统主要由横吊梁、吊索、卡环、专用吊具组成，预制构件起吊（图5-5）需提前进行吊装工具的设计加工。

1. 横吊梁

横吊梁俗称铁扁担、扁担梁，常用于梁、柱、墙板、叠合板等构件的吊装。用横吊梁吊

图5-5　预制构件起吊

运部品构件时，可以使各吊点垂直受力，防止因起吊受力不均而对构件造成破坏，便于构件的安装、校正。常用的横吊梁有框架式吊梁（图5-6）、单吊梁（图5-7）。

图5-6　框架式吊梁

(a) 单耳平衡吊梁(可调节式)

(b) 双耳平衡吊梁(可调节式)

图5-7　单吊梁

2. 吊索

用于吊装系统的吊索分为钢丝绳吊索与链条吊索两种。

钢丝绳吊索可采用 6×19、6×37、6×61 型钢丝绳制作，其长度应根据吊物的几何尺寸、重量和所用的吊装工具、吊装方法确定。吊绳的绳环或两端的绳套应采用编插接头，编插接头的长度不应小于钢丝绳直径的 20 倍。8 股头吊索两端的绳套可根据工作需要装上桃形环、卡环或吊钩等吊绳附件。

钢丝绳分主绳、副绳（图 5-8），吊点不在水平面上时（如吊装楼梯、隔板等），副绳按照吊点相对位置关系确定长度，长短绳配合使用。

图5-8 钢丝绳主绳与副绳

链条吊索又称链条索具（图 5-9），是一种以金属链环连接而成的索具，按其构造有单只、双只及多只形式，链环多采用优质合金钢，其突出特点是耐磨、耐高温、延展性低、受力后不会伸长等。其使用寿命长，易弯曲，适用于大规模、频繁使用的场合。其中多只形式的链条索具灵活，具有多种组合形式，可提高工作效率、降低成本等。

图5-9 链条索具

3. 专用吊具

需根据预制构件的吊点设计选用不同的吊具。

① 对于预埋吊环类吊点，通常选用卸扣、吊钩作为吊具，见图5-10、图5-11。

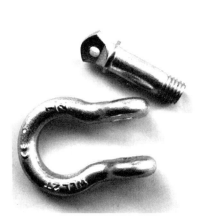

图5-10　卸扣

(a) 自锁钩　　　(b) 环眼吊钩　　　(c) 直柄吊钩

(d) S钩　　　(e) 大开口钩　　　(f) 油田旋转钩

图5-11　吊钩

② 对于内埋预制套筒式吊点（图5-12），通常采用万向吊环（图5-13）作为吊具。

图5-12　内埋预制套筒式吊点

图5-13　万向吊环

③ 对于内埋预制吊杆式吊点（图5-14），采用与之配套的鸭嘴套环（图5-15）作为吊具。

图5-14　内埋预制吊杆式吊点

图5-15　鸭嘴套环

**二维码21　起重机起吊
构件及摆放作业**

任务二　预制混凝土剪力墙存放及防护

一、生产前准备

1. 着装、卫生检查

所有吊装人员必须戴好安全帽、手套、防砸鞋等防护用具，指挥人员必须佩带明显的标志，同时保证构件存放区域清理到位。

2. 吊装设备检查

预制混凝土剪力墙起吊前，应检查龙门起重机、吊具（钢丝绳、卡环、吊钩等）、行车设备的运转是否正常。内外墙板吊装使用钢丝绳配置卡环（≥5t），吊装前使卡环与吊耳连接，卡环上紧固螺丝拧紧，同时检查钢丝绳起吊前是否平顺、无死结。

二、安装构件信息标识

标识生产单位、构件型号、生产日期及质量验收合格标志。

三、构件的直立及水平存放操作

预制混凝土构件起吊时，应根据设计要求或具体生产条件确定所需的同条件养护混凝土立方体抗压强度，并满足下列要求：

① 混凝土强度应不小于15MPa；

② 对于预应力预制混凝土构件，起吊时的混凝土立方体抗压强度应不小于混凝土设计强度的75%。

通过翻转平台（起立机）将墙立起之后，再通过车间内的天车将其吊至门口处的摆渡车上，将其摆渡出堆放场地。预制混凝土剪力墙存放操作要求如下：

① 预制内外墙板采用专用支架直立存放，吊装点朝上放置，支架应有足够的强度和刚度，门窗洞口的构件薄弱部位应用采取防止变形开裂的临时加固措施；

② L形墙板采用插放架堆放，方木在预制内外墙板的底部通长布置，且放置在预制内外墙板的200mm厚结构层的下方，墙板与插放架空隙部分用方木插销填塞；

③ 一字形墙板采用联排堆放，方木在预制内外墙板的底部通长布置，且放置在预制内外墙板的200mm厚结构层的下方，上方通过调节螺杆固定墙板，具体见图5-16。

④ 预制墙板采用靠放时，应对称靠放且外饰面（外墙板）朝外，与地面倾斜角度宜大于80°，构件上部宜采用木垫块隔离。

图5-16　剪力墙联排堆放

四、外露金属件的防腐、防锈操作

　　预制构件暴露在空气中的预埋铁件应镀锌或涂刷防锈漆；预留钢筋应涂刷阻锈剂、环氧树脂类涂层，并包裹掺有阻锈剂的水泥砂浆、封闭特制的封套或采用电化学方法以避免锈蚀。

五、工完料清

　　将所有工具、材料、图纸等清理出操作区域。

> **知识拓展**
>
> **翻转机及其操作规程**
>
> 　　翻转机（图5-17）主要用于墙、板类构件竖起作业。翻转机操作规程如下：
> ① 操作前确认油泵已启动；
> ② 按"卡爪紧"按钮，卡爪收紧；再按"卡爪松"按钮，卡爪松开；

③ 按"升"按钮，翻转台开始升起；按"降"按钮，翻转台开始下降；按"停"按钮，升或降的动作停止；

④ 设备停机且将翻转机归零后，按下"液压停止"按钮，关闭总电源。

图5-17　翻转机

【任务评价】

班级			姓名		学号	
考核项目	考核内容			评分等级（A、B、C）		
生产准备工作	劳保用品准备		佩戴安全帽			
			穿戴劳保工装、防护手套			
	设备检查		龙门起重机、行车设备运行			
构件出入库	安装构件标识		产品标识、二维码、合格证			
构件存放	构件的直立及水平存放操作		模台翻转直立			
			构件码放就位			
	多层叠放构件间的垫块放置					
工料清理	工具、材料、图纸等清理出操作区域					

任务三　预制混凝土叠合楼板存放及防护

一、生产前准备

1. 着装、卫生检查

所有吊装人员必须戴好安全帽、手套、防砸鞋等防护用具，指挥人员必须佩带明显的标志，同时保证构件存放区域清理到位。

2. 吊装设备检查

预制混凝土叠合楼板起吊前，应检查龙门起重机、吊具（钢丝绳、卡环、吊钩等）的安全状态。叠合楼板的吊装使用钢丝绳配置吊钩（2t），吊装前应使四个吊钩钩住叠合楼板的四个吊点，并确认钩牢（或钩头的挡片复位）。

二、安装构件信息标识

标识生产单位、构件型号、生产日期及质量验收合格标志。

三、构件的直立及水平存放操作

预制混凝土叠合楼板一般采用水平叠层码放，当采用叠层垫木（图5-18）码放时，垫木均应上下对正，每层构件间的垫木或垫块应在同一垂直线上，竖直传力；叠合板采用无垫木码放时，必须要保证每层桁架筋上下对应并垫实。应多观察每层构件码放后是否放置稳定、是否局部未受力。出现该问题时，使用垫片（或竹胶板，长度不小于400mm）找平。

不同板号应分别堆放，堆放高度不宜大于6层，且最高不宜超过8层。每垛之间纵向间距不得小于500mm，横向间距不得小于600mm，堆放时间不宜超过两个月。图5-19为预制叠合板水平存放示意图。

图5-18　垫木

图5-19　预制叠合板水平存放

四、设置多层叠放构件间的垫块

① 多层码垛存放构件，层与层之间应垫平，各层垫块或方木（长 × 宽 × 高为200m × 100mm × 100m）应上下对齐。垫木放置在桁架侧边，板两端（至板端200mm）及跨中位置均应设置垫木且间距不大于1.6m，最下面一层支垫应通长设置，见图5-20和图5-21。

② 采取多点支垫时，一定要避免边缘支垫低于中间支垫，因为这样会形成过长的悬臂，

导致较大负弯矩产生，进而形成裂缝。

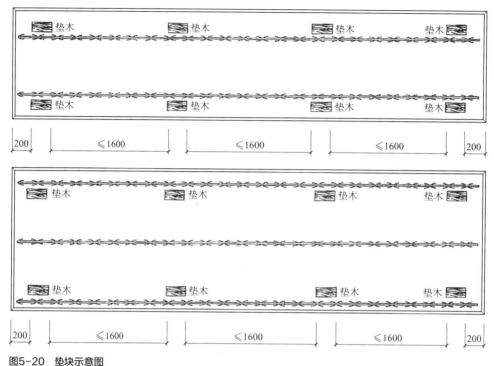

图5-20 垫块示意图

图5-21 多层叠合板垫木放置

五、外露金属件的防腐、防锈操作

预制构件暴露在空气中的预埋铁件应镀锌或涂刷防锈漆；预留钢筋应涂刷阻锈剂、环氧树脂类涂层，并包裹掺有阻锈剂的水泥砂浆、封闭特制的封套或采用电化学方法以避免锈蚀。

六、工完料清

将所有工具、材料等清理出操作区域。

任务四　预制混凝土楼梯板存放及防护

一、生产前准备

1. 着装、卫生检查

所有吊装人员必须戴好安全帽、手套、防砸鞋等防护用具，指挥人员必须佩带明显的标志，同时保证构件存放区域清理到位。

2. 吊装设备检查

预制混凝土楼梯板起吊前，应检查龙门起重机、吊具（钢丝绳、卡环、吊钩等）的安全状态。楼梯吊装过程中应使用钢丝绳配置卡环，吊装前使卡环与吊耳连接，卡环上紧固螺丝拧紧，同时检查钢丝绳起吊前是否平顺、无死结。

二、安装构件信息标识

标识生产单位、构件型号、生产日期及质量验收合格标志。

三、构件的直立及水平存放操作

预制混凝土楼梯板要求水平存放，楼梯正面朝上，在楼梯安装点对应的最下面一层采用宽度 100mm 方木通长垂直设置。同种规格依次向上叠放，堆放高度不宜大于 4 层，见图 5-22，具体存放要求如下：

① 吊装时由于梯段较长，注意轻起轻放，以免发生脱落、碰撞等造成人员、设备与梯段的损伤。

② 每一堆楼梯最底下要垫垫木，宜设通长垫木。垫木应根据构件起吊点位置设置，且不可放置在构件受力薄弱位置。

③ 直立修复楼梯时，必须置于楼梯直立码放架上。防止楼梯因外力倾倒造成人员损伤。

④ 构件堆放场地应为混凝土地坪，应平整、坚实、排水良好。

⑤ 所有清水构件表面接触的材料均应有隔离措施，如包裹无污染塑料膜。

⑥ 禁止外部人员对堆放的构件进行踩踏、推动等施加外力的行为；禁止在构件上倾倒

垃圾、泼洒污水。

⑦ 生产班组应与成品库管理人员做好构件交接记录，记录内容应明确构件型号、数量、外观质量情况。

⑧ 应安排专人负责码放区管理，对码放构件实行监督，有异常问题时及时上报。

⑨ 每垛构件之间，其纵横向间距不得小于400mm，以便于今后的修理。

图5-22 预制楼梯存放

四、设置多层叠放构件间的垫块

预制混凝土楼梯板采用多层叠放时，层与层之间垫平，各层垫块或方木应放置在起吊点的正下方，方木规格为200mm×100mm×100mm，每层放置四块并垂直放置两层方木，且应上下对齐。

五、工完料清

将所有工具、材料、图纸等清理出操作区域。

知识拓展

预制混凝土构件的厂内运输

预制混凝土构件的厂内运输方式由工厂工艺设计确定，具体如下。

① 车间起重机范围内的短距离运输，可用起重机直接运输；

② 车间起重机与室外龙门式起重机可以衔接时，用起重机运输；

③ 厂内运输目的地在车间桥式起重机范围外或运输距离较长，或车间起重机与室外桥式起重机作业范围不对接，可用短途摆渡车运输。短途摆渡车可以是轨道拖车，也可以是拖挂汽车。图5-23为车间摆渡车。

图5-23　车间摆渡车

【项目测试】

一、单项选择题

1. 预制构件验收合格后，应在明显的部位标识构件型号、生产日期、质量验收合格标志和（　　）。

　　A. 材料标识　　　　　　　　　B. 生产厂家

　　C. 二维码　　　　　　　　　　D. 验收人员姓名

2. 预制构件堆放储存对场地要求要平整、（　　）、有排水措施。

　　A. 清洁　　　　　　　　　　　B. 坚实

　　C. 牢固　　　　　　　　　　　D. 宽敞

3. 预制构件码放储存通常可采用（　　）和竖向固定码放两种方式。

　　A. 平面码放　　　　　　　　　B. 叠层码放

　　C. 插式码放　　　　　　　　　D. 立向码放

4. 墙板采用靠放架堆放时与地面倾斜角度宜大于（　　）。

　　A. 80°　　　　　　　　　　　 B. 60°

　　C. 70°　　　　　　　　　　　 D. 30°

5. 预制叠合板堆放时，其高度不宜大于（　　）层。

　　A. 5　　　　　　　　　　　　 B. 6

　　C. 7　　　　　　　　　　　　 D. 8

二、多项选择题

1. 预制构件有（　　）的，目的是在整个工程施工过程中，对构件的每个环节都有追溯的可能，明确各环节的质量责任。

    A. 照片   B. 产品标识   C. 二维码

    D. 铭牌   E. 产品合格证

2. 构件存放应符合（   ）要求。

    A. 外墙板、内墙板、楼梯宜采用托架立放

    B. 存放过程中，预制混凝土构件与地面或刚性搁置点之间应设置柔性垫片，预埋吊环宜向上，标识向外；垫木位置宜与脱模冲刷、吊装时起吊位置一致；叠放构件的垫木应在同一直线上并上下垂直；垫木的长、宽、高均不宜小于100mm

    C. 柱、梁等细长构件存储宜平放，采用两条垫木支撑；码放高度应由构件、垫木承载力及堆垛稳定性确定，不宜超过4层

    D. 叠合板、阳台板构件存储宜平放，叠放不宜超过6层

    E. 堆放时间不宜超过两个月

3. 下列说法正确的是（   ）。

    A. 预制构件脱模起吊时，应根据设计要求或具体生产条件确定所需的混凝土立方体抗压强度

    B. 垫木或垫块在构件下的位置宜与脱模、吊装时的起吊位置一致

    C. 重叠堆放构件时，每层构件间的垫木或垫块应在同一垂直线上

    D. 堆垛层数应根据构件与垫木或垫块的承载能力及堆垛的稳定性确定

    E. 堆放构件时最下层构件应垫实，预埋吊件向下，标志向外

4. 墙板当采用靠放架堆放或运输时应符合（   ）规定。

    A. 靠放架要有足够的承载力和刚度

    B. 与地面倾斜度宜大于80°

    C. 对称靠放且外饰面朝外

    D. 构件上部采用木垫块隔离

    E. 运输时应采用固定措施

三、简答题

1. 叠合板堆放的要求有哪些?

2. 外露金属件的防腐、防锈如何操作?

六

预制混凝土构件生产检验

知识目标

1. 了解预制构件模具尺寸的允许偏差和检验方法，了解检验要求；
2. 了解预埋件、预留孔和预留洞等安装定位尺寸允许偏差和检验方法以及检验要求；
3. 了解预制构件外形尺寸允许偏差及检验方法，了解检验要求。

技能目标

1. 能够完成模具组装的质量检验；
2. 能够完成预制构件隐蔽质量检验；
3. 能够进行构件成品质量检验。

素质目标

1. 培养良好的职业道德和敬业精神；
2. 树立较强的安全意识、质量意识和环保意识。

任务一　夯实基础

一、预制构件生产检验原则

生产过程的质量控制是预制构件质量控制的关键环节，需要做好生产过程各个工序的质量控制、隐蔽工程验收、质量评定和质量缺陷的处理等工作。预制构件生产企业应配备满足工作需求的质量员，质量员应具备相应的工作能力并经水平检测合格。

在预制构件生产之前，应对各工序进行技术交底，上道工序未经检查验收合格者，不得进行下道工序。混凝土浇筑前，应对模具组装、钢筋及网片安装、预留及预埋件布置等内容进行检查验收。工序检查由各工序班组自行检查，检查数量为全数检查，并应做好相应的检查记录。

二、预制构件生产检验制度与项目

1. 首件验收制度

预制构件生产宜建立首件验收制度。首件验收制度是指结构较复杂的预制构件或新型构件首次生产或间隔较长时间重新生产时，生产单位需会同建设单位、设计单位、施工单位、监理单位共同进行首件验收，重点检查模具、构件、预埋件、混凝土浇筑成型中存在的问题，确认该批预制构件生产工艺是否合理，质量能否得到保障，共同验收合格之后方可批量生产。

2. 原材料检验

预制构件的原材料质量、钢筋加工和连接的力学性能、混凝土强度、构件结构性能、装饰材料、保温材料及拉结件的质量等均应根据国家现行有关标准进行检查和检验，并应具有生产操作规程和质量检验记录。

3. 构件检验

预制构件生产的质量检验应按模具、钢筋、混凝土、预应力、预制构件等项目进行。预制构件的质量评定应根据钢筋、混凝土、预应力、预制构件的试验、检验资料等项目进行。当上述各检验项目的质量均合格时，方可评定为合格产品。检验时对新制或改制后的模具应按件检验，对重复使用的定型模具、钢筋半成品和成品应分批随机抽样检验，对混凝土性能应按批检验。模具、钢筋、混凝土、预制构件制作、预应力施工等的质量，均应在生产班组自检、互检和交接检的基础上，由专职检验员进行检验。

4. 构件表面标识

预制构件和部品经检查合格后，宜设置表面标识。预制构件的表面标识宜包括构件编号、制作日期、合格状态、生产单位等信息。

5. 质量证明文件

预制构件和部品出厂时，应出具质量证明文件。目前，有些地方的预制构件生产实行了监理驻厂监造制度，应根据各地方技术发展水平细化预制构件生产全过程监测制度，驻厂监理应在出厂质量证明文件上签字。

三、预制构件生产检验依据

预制构件生产企业应按本项目规定对构件成品进行质量检验。

对于梁板类简支受弯预制构件及设计有专门要求的其他预制构件，应进行结构性能检验，预制构件的结构性能检验要求和检验方法应符合《混凝土结构工程施工质量验收规范》（GB 50204—2015），预制构件表面装饰、涂饰的质量要求应符合《建筑装饰装修工程施工标准》（GB 50210—2018）的规定。

夹心保温预制构件的质量要求应符合京津冀区域协同工程建设标准《预制混凝土构件质量检验标准》（DB11/T 968—2021）的规定。

陶瓷类装饰面砖与构件基面的粘结强度应符合《建筑工程饰面砖粘结强度检验标准》（JGJ/T 110—2017）和《外墙饰面砖工程施工及验收规程》（JGJ 126—2015）等的规定。

预制构件的混凝土起吊强度、预应力放张强度和质量评定强度试件应按预制构件的类型、生产工艺和最终质量评定要求留置和检验，并应按现行国家标准《混凝土强度检验评定标准》（GB/T 50107—2010）的规定评定。

知识拓展

预制构件安全生产管理与检验

预制构件生产企业应建立健全安全生产责任制，制定相应的安全技术规范及安全技术劳动保护措施，确保安全管理目标落到实处。同时根据职工的专业、工种的特点，进行技能和技术知识教育。加强对新员工的三级安全教育，从而实现安全教育的基本要求。严禁无证上岗和违章作业。

预制构件生产区域操作人员应配备合格劳动防护用品。所有人员进入生产区域必须佩戴好安全帽。

行车及各类电器、机械设备必须严格执行操作规程，操作人员必须经过培训，非操作人员不得擅自使用。行车及各类电器、机械设备须定期检查和维护保养。

预制构件生产企业应建立消防管理制度，成立消防领导小组，按规定配备消防器材和设施，并进行定期检查和维护。

易燃、易爆品必须储存在专用仓库、专用场地，并设专人管理。仓库内应当配备消防力量和灭火设施，严禁在仓库内吸烟和使用明火。

生产区域原材料堆放整齐，全部设置标识牌。现场不得放置与生产不相关的材料、设备及工具。

预制构件起吊时，下方严禁站人，必须待吊物降落至离地1m以内方准靠近，就位固定后方可脱钩。

任务二　模具质量检验

一、检验要求

① 模具应具有足够的承载力、刚度和稳定性。

② 模具应装拆方便，满足预制构件质量、生产工艺和周转次数等要求。

③ 模具的各部件之间应连接牢固，预制构件上的预埋件、插筋、预留孔洞等安装和定位均应有可靠固定措施。

④ 模具及所用材料、配件的品种、规格等应符合设计要求。

⑤ 用作底模的台座、胎模及铺设的底板等均应平整光洁，不得有下沉、裂缝、起砂和起鼓。

⑥ 模具内表面的脱模剂应涂刷均匀、无堆积，且不得沾污钢筋；在浇筑混凝土前，模具内应无杂物。

⑦ 模具与平模台间的螺栓、定位销、磁盒等固定方式应可靠，防止混凝土振捣成型时造成模具偏移和漏浆。

二、检验方法与内容

在使用模具前需对模具进行检查验收，模具的验收主要依据图纸及检验标准。模具验收工具如图 6-1 所示。

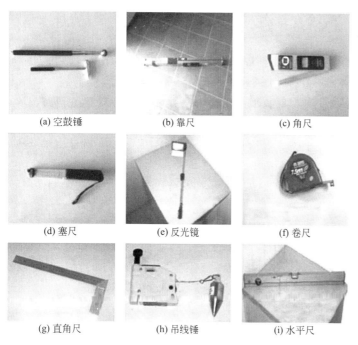

(a) 空鼓锤　　　　(b) 靠尺　　　　(c) 角尺

(d) 塞尺　　　　(e) 反光镜　　　　(f) 卷尺

(g) 直角尺　　　　(h) 吊线锤　　　　(i) 水平尺

图6-1　模具验收工具

模具检查应遵循先外观目测，后检尺测量原则。检尺测量先外后内，从外框尺寸检查到细部配件定位检查，再到配件自身的尺寸检查。

首先应该对模具的底架、台模、边模等焊接部位是否牢固，是否有开焊或漏焊等进行检验。用作底模的台座、胎模及铺设的底板等均应平整光洁，检查数量为全数检查，检查方法为观察或测量。其次检查模具及所用材料、配件品种规格等是否符合设计图纸的要求，检查数量为全数检查，检查方法为观察、检查设计图纸要求。还应检查部件与部件之间的连接是否牢固，预制构件上的预埋件、预留孔洞、外露钢筋位置等是否有可靠的固定、定位措施，以及模具是否便于支、拆，是否满足使用周转次数的需求。检查数量为全数检查，检查方法为观察或摇动检查。

满足以上要求后，进行模具尺寸检验。根据图纸要求对模具的长度、宽度、厚度及对角线进行测量检查，使用盒尺测量模具的各个数值，并根据图纸的设计尺寸，计算模具的偏差

值，模具偏差值应符合《预制混凝土构件质量检验标准》（DB11/T 968—2021）要求。表
6-1 为预制墙板类构件模具尺寸的允许偏差和检验方法；表 6-2 为预制板类构件模具尺寸
的允许偏差和检验方法；清水混凝土预制构件模具的清水模具面的外观质量缺陷应符合表
6-3 的规定。

表6-1　预制墙板类构件模具尺寸的允许偏差和检验方法

项次	检验项目、内容		允许偏差/mm	检验方法
1	宽度、高度		1, -2	用钢尺沿平行于模具宽度、高度方向量测两端及中间部位，取其中偏差绝对值最大值
2	厚度		±1	用钢尺量测两端和中间部位，取其中偏差绝对值最大值；高度变化的模具，应分别测量
3	表面平整度	清水面	1	用2m靠尺安放在模具面上，用楔形塞尺量测靠尺与模具面之间的最大缝隙
		非清水面	2	
4	对角线差		3	在矩形模具的最大平面部分，用钢直尺测量两个对角线长度，取其差值的绝对值
5	侧向弯曲		$L/1500$且≤ 2	沿侧模长度方向拉线，用钢尺量测与混凝土接触的侧模面和拉线之间的最大水平距离，减去拉线端定线垫板的厚度
6	扭翘		$L/1500$且≤ 2	四对角拉两条线，测量两线交点之间的距离，其值的2倍为扭翘值
7	组装间隙		1	用塞尺量测，取最大值
8	拼板表面高低差		0.5	用靠尺紧靠在接缝处的较高拼板上，用楔形塞尺量测靠尺下平面与低拼板上表面之间的最大缝隙
9	门窗口	位置偏移	2	用尺由构成预留门窗洞口相垂直两侧模的各两个端部，分别垂直量至墙体侧模，每个侧模的两个读数的差值即为该侧模的位置偏移，记录其中较大差值作为门窗口位置偏移
		规格尺寸	2	用尺量测
		对角线差	2	用尺量测
10	键槽	中心线位置偏移	2	用尺量测纵横两个方向的中心线位置，取其中较大值
		长度、宽度	±2	用尺量测3点，取其中较大值
		深度	±1	用尺量测3点，取其中较大值

注：1. L为模具与混凝土接触面中最长边的尺寸。
2. 新制或大修后的模具应全数检查；使用中的模具应定期检查。

表6-2　预制板类构件模具尺寸的允许偏差和检验方法

项次	检验项目、内容		允许偏差/mm	检验方法
1	长度、宽度	≤6m	-2~1	用钢尺沿平行于模具长度方向量测两端及中间部位，取其中偏差绝对值最大值
		>6m 且 ≤12m	-3~2	
		>12m 且 ≤18m	-4~3	
		>18m	-5~3	

项次	检验项目、内容		允许偏差/mm	检验方法
2	厚度		$-1\sim1$	空心板构件模具：用尺量测端模中间孔的上、下部位最小断面； 正向生产的槽形板构件模具：将靠尺靠在两个侧模顶面，用尺测靠尺下平面与槽模上平面之间的距离
3	肋宽		$-2\sim2$	空心板构件模具：用尺量测端模中间部位两个孔之间的最小水平断面尺寸； 槽形板构件模具：在纵肋或横肋的中部，用尺量测肋上口宽度； 数量为均匀分布3点，取其中偏差绝对值最大值
4	表面平整度	清水面	1	将2m靠尺安放在模具面上，用楔形塞尺量测靠尺与模具面之间的最大缝隙
		非清水面	2	
5	对角线差		3	在矩形模具的最大平面部分，用钢直尺量测两个对角线长度，取其差值的绝对值
6	侧向弯曲		$L/1500$且≤4	沿侧模长度方向拉线，用钢尺量测与混凝土接触的侧模面和拉线之间的最大水平距离，减去拉线端定线垫板的厚度
7	扭翘		$L/1500$且≤5	四对角拉两条线，量测两线交点之间的距离，其值的2倍为扭翘值
8	组装间隙		1	用塞尺量测，取最大值
9	拼板表面高低差		0.5	用靠尺紧靠在接缝处的较高拼板上，用楔形塞尺量测靠尺下平面与低拼板上表面之间的最大缝隙
10	起拱或下垂		$-2\sim2$	沿模具长度方向拉线，用尺量测底模中间部位与拉线之间的最大垂直距离，减去拉线端定线垫板的厚度。数量为均匀分布3点，取其中偏差绝对值最大值

注：1. L为模具与混凝土接触面中最长边的尺寸。
2. 新制或大修后的模具应全数检查；使用中的模具应定期检查。

表6-3 清水混凝土预制构件模具的清水模具面的外观质量缺陷

项次	检验项目	质量要求	检验方法
1	拼接焊缝不严密	不允许	目测
2	拼接焊缝打磨粗糙	不允许	目测
3	棱角线条不直	$\leq1mm$	沿棱角线条方向拉线，用塞尺量测棱角线条模线和拉线之间的缝隙，记录其最大值
4	局部凸凹不平	$\leq0.5mm$	用靠尺和塞尺量测，记录其最大值
5	麻面	不允许	目测
6	锈迹	不允许	目测

预埋件、预留孔和预留洞均应在模具上设置定位装置，其偏差应符合表6-4的规定。

表6-4　预埋件、预留孔和预留洞等安装定位尺寸允许偏差和检验方法

项次	检验项目		允许偏差/mm	检验方法
1	预埋钢板、预埋木砖定位		3	用尺量测纵横两个方向的中心线位置,记录其中较大值
2	预埋管、电线盒、电线管水平和垂直方向的中心线位置偏移		2	用尺量测纵横两个方向的中心线位置,记录其中较大值
3	预留孔、波纹管水平和垂直方向的中心线位置偏移		2	用尺量测纵横两个方向的中心线位置,记录其中较大值
4	插筋定位		3	用尺量测纵横两个方向的中心线位置,记录其中较大值
5	吊环、吊钉定位		3	用尺量测纵横两个方向的中心线位置,记录其中较大值
6	预埋螺栓定位		2	用尺量测纵横两个方向的中心线位置,记录其中较大值
7	预埋螺母、套筒定位		2	用尺量测纵横两个方向的中心线位置,记录其中较大值
8	预留洞定位		3	用尺量测纵横两个方向的中心线位置,记录其中较大值
9	灌浆套筒及连接钢筋定位	灌浆套筒中心线位置	1	用尺量测纵横两个方向的中心线位置,取其中较大值
		连接钢筋中心线位置	1	用尺量测纵横两个方向的中心线位置,取其中较大值

注:检查数量为全数检查。

检查完毕后填写"预制墙板类/板类构件模具质量检验记录"(见配套资源)。

【任务评价】

班级		姓名		学号	
考核项目	考核内容		评分等级(A、B、C)		
模具质量检验	模具长度				
	模具宽度				
	模具高(厚)度				
	对角线差				
	模具偏差调整				

知识拓展

模具几何尺寸解析

① 长度

定义:模具与混凝土接触面中最长边的尺寸。

检验方法:用尺量平行于模具长度方向的任意部位。

② 宽度

定义:模具与混凝土接触面中,横向垂直于长度方向边的尺寸。

检验方法：用尺在模具的中部或端部量测。

③ 高度

定义：模具与混凝土接触面中，竖向垂直于长度或宽度方向边的尺寸。

检验方法：用尺在侧模的任意部位量测；高度变化的模具，应在最高部位和最低部位各量测一点，记录其中最大偏差值。

④ 对角线差

检验方法：在矩形模具的最大平面部位，用尺分别量测两个对角线的长度，取其绝对值之差值。

任务三　构件隐蔽质量检验

一、检验要求

当模具组装完毕、钢筋与埋件安装到位后，在混凝土浇筑之前，应对每块预制构件进行隐蔽工程验收，确保其符合设计要求和规范规定。企业的验收员和质量负责人负责隐蔽工程验收。隐蔽工程验收的范围为全数检查，验收完成后形成相应的隐蔽工程验收记录，并保留存档。

二、检验内容

预制构件隐蔽质量验收包括钢筋、模具、预埋件、保温板等工序安装质量的检验，具体内容如下：

① 钢筋的牌号、规格、数量、位置和间距等；

② 纵向受力钢筋的连接方式、接头位置、接头质量、接头面积百分率、搭接长度、锚固方式、锚固长度等；

③ 箍筋、横向钢筋的弯折角度及平直段长度；

④ 预应力筋、锚具的品种、规格、数量、位置等；

⑤ 预留孔道的规格、数量、位置，灌浆孔、排气孔、锚固区局部加强构造等；

⑥ 预埋件、吊环、插筋的规格及外露长度、数量和位置等；

⑦ 灌浆套筒、预留孔洞的规格、数量和位置等；

⑧ 保温层位置和厚度，保温连接件的规格、数量、位置、方向、垂直度、锚固深度、保护层厚度、固定方式等；

⑨ 预埋线盒和线管的规格、数量、位置及固定措施；

⑩ 钢筋保护层。

图6-2、图6-3分别为预制剪力墙及预制叠合板浇筑前的隐蔽验收工作。

图6-2　预制剪力墙浇筑前隐蔽验收

图6-3　预制叠合板浇筑前隐蔽验收

三、检验方法

钢筋、预应力筋等表面应无损伤、裂纹、油污、颗粒状或片状老锈。检查数量为全数检查；检验方法为进场时、使用前观察。

绑扎成型的钢筋骨架或网片周边两排钢筋不得缺扣，绑扎骨架其余部位缺扣、松扣的总数量不得超过绑扣总数的20%，且不应有相邻两点缺扣或松扣；对于双向受力的构件，钢筋骨架应全数绑扎，缺扣、松扣的数量总和不得超过总数的3%。检查数量为全数检查；检验方法为观察及摇动检查。

焊接成型的钢筋骨架或网片应牢固、无变形。焊接骨架漏焊、开焊的总数量不得超过焊点总数的4%，且不应有相邻两点漏焊或开焊。检查数量为全数检查；检验方法为观察及摇动检查。

钢筋骨架或网片尺寸允许偏差和检验方法应符合表6-5的规定。检查数量为：以同一班组、同一类型成品为一检验批，在逐件目测检验的基础上，随机抽件5%，且不少于3件。检验完毕后填写"钢筋成品质量检验记录"（见配套资源）。

表6-5　钢筋成品尺寸允许偏差和检验方法

项次	检验项目		允许偏差/mm	检验方法
1	钢筋网片	长、宽	±5	钢尺检查
		网眼尺寸	±10	钢尺量连续三档，取最大值
		对角线差	5	钢尺检查
		端头不齐	5	钢尺检查

续表

项次	检验项目		允许偏差/mm	检验方法
2	钢筋骨架	长	0, -5	钢尺检查
		宽	±5	钢尺检查
		厚	±5	钢尺检查
		主筋间距	±10	钢尺量两端、中间各1点,取最大值
		主筋排距	±5	钢尺量两端、中间各1点,取最大值
		起弯点位移	15	钢尺检查
		箍筋间距	±10	钢尺量连续三档,取最大值
		端头不齐	5	钢尺检查

钢筋及预埋件安装尺寸偏差和检验方法应符合表6-6的规定。其检查数量为全数检查。

表6-6 钢筋及预埋件安装定位尺寸允许偏差和检验方法

项次	检验项目		允许偏差/mm	检验方法
1	钢筋保护层	梁、柱	±3	钢尺量测
		墙、板	±3	
2	先张预应力筋位置		±3	钢尺量测
3	预埋钢板、木砖	中心线位置	3	用尺量测纵横两个方向的中心线位置,记录其中较大值
		平面高差	±2	钢直尺和塞尺检查
4	预埋管、电线盒、电线管水平和垂直方向的中心线位置偏移		2	用尺量测纵横两个方向的中心线位置,记录其中较大值
5	预留孔、波纹管水平和垂直方向的中心线位置偏移		2	用尺量测纵横两个方向的中心线位置,记录其中较大值
6	插筋	中心线位置	3	用尺量测纵横两个方向的中心线位置,记录其中较大值
		外露长度	+5, 0	用尺量测
7	吊环、吊钉	中心线位置	3	用尺量测纵横两个方向的中心线位置,记录其中较大值
		外露长度	0, -5	用尺量测
8	预埋螺栓	中心线位置	2	用尺量测纵横两个方向的中心线位置,记录其中较大值
		外露长度	+5, 0	用尺量测
9	预埋螺母、套筒	中心线位置	2	用尺量测纵横两个方向的中心线位置,记录其中较大值
		平面高差	±1	钢直尺和塞尺检查
10	预留洞	中心线位置	3	用尺量测纵横两个方向的中心线位置,记录其中较大值
		平面高差	+3, 0	用尺量测纵横两个方向尺寸,取其较大值
11	灌浆套筒及连接钢筋	灌浆套筒中心线位置	1	用尺量测纵横两个方向的中心线位置,取其中较大值
		连接钢筋中心线位置	1	用尺量测纵横两个方向的中心线位置,取其中较大值
		连接钢筋外露长度	+5, 0	用尺量测

二维码22　模具质量检验及隐蔽工程质量检验

【任务评价】

班级		姓名		学号	
考核项目	考核内容		评分等级（A、B、C）		
构件隐蔽质量检验	预埋管、电线盒、电线管水平和垂直方向的中心线位置偏移				
	吊环、吊钉定位				
	预埋螺栓、套筒定位				
	灌浆套筒中心线位置				
	预埋件偏差调整				

任务四　构件成品质量检验

一、检验要求

　　预制构件拆模后应及时对其外观质量进行全数目测检查，对其尺寸偏差进行抽样实测检查；对于出现的外观质量一般缺陷应按技术方案要求对其进行处理，并对该预制构件外观质量进行重新检查。

　　预制构件的允许尺寸偏差及检验方法应符合表6-6的规定。预制构件有粗糙面时，与粗糙面相关的尺寸允许偏差可适当放松。

　　预制构件应按设计要求和现行国家标准《混凝土结构工程施工质量验收规范》（GB 50204—2015）的有关规定进行结构性能检验。

　　预制构件检查合格后，应在构件上设置表面标识，标识内容宜包括构件编号、制作日期、合格状态、生产单位等信息。当采用二维码或无线射频等技术记录信息时，应核对相关信息的准确性。检查数量为全数检查；检验方法为观察、扫描。

二、检验方法

预制构件拆模后应及时对其外观质量进行全数目测检查，对其尺寸偏差进行抽样实测检查；预制构件结构性能应按批检查结构性能检验报告或有关质量记录。

三、检测内容

预制构件在出厂前应进行成品质量验收，其检查内容包括：

1. 混凝土强度

预制构件的混凝土强度应按现行国家标准《混凝土强度检验评定标准》（GB/T 50107—2010）的规定进行分批评定，混凝土强度评定结果应合格。

检查数量为按批检查。检验方法为检查混凝土强度报告及混凝土强度检验评定记录。预制构件的脱模强度应满足设计要求；设计无要求时，应根据构件脱模受力情况确定，且不得低于混凝土设计强度的 75％。检验完毕后填写"预制构件脱模强度确认单"。

检查数量为全数检查；检验方法为检查混凝土试验报告。

2. 外观检验

构件的外观须逐块进行检验，应符合要求。预制构件外观质量不应有严重缺陷，且不应有影响结构性能和安装、使用功能的尺寸偏差。外观质量不符合要求但允许修理的，经技术部门同意后可进行返修，返修项目可重新检验。检查数量为全数检查；检验方法为观察。

预制构件的预埋件、插筋、预留孔的规格、数量、位置应符合设计要求。检查数量为全数检查；检验方法为观察和量测。

预制构件的粗糙面深度、面积等应满足设计要求和有关标准的规定。检查数量为全数检查；检验方法为观察和量测。

预制构件的键槽数量和规格等应满足设计要求和有关标准的规定。检查数量为全数检查；检验方法为观察和量测。

预制混凝土夹心保温外墙板保温性能应符合设计要求。检查数量为按同一工程、同一工艺的预制构件分批抽样检验；检验方法为检查保温板材料进场试验报告、隐蔽工程检查记录、安装质量检验资料、外墙板保温性能试验报告等。

预制混凝土夹心保温外墙板的内、外叶板之间的连接件承载能力应符合设计要求。检验数量为按同一工程、同一工艺的预制构件分批抽样检验；检验方法为检查保温连接件进场试验报告、隐蔽工程检查记录、安装质量检验资料、连接件拉拔和抗剪试验报告等。

3. 尺寸检验

预制构件生产时应制定措施避免出现外观质量缺陷。预制构件的外观质量缺陷根据其影响预制构件的结构性能、安装和使用功能的严重程度确定，预制构件外观质量判定方法见表6-7。

表6-7　预制构件外观质量判定方法

项目	现象	检验方法
露筋	凡构件内部配置的主筋、副筋或箍筋外露于混凝土表面者	对构件各个面目测，在露筋部位做出标志，用尺量测长度
蜂窝	构件混凝土表面因缺少水泥砂浆而形成酥松、石子架空外露的缺陷	对构件各个面目测，在蜂窝部位做出标志，用尺量测并计算其面积，或用百格网量测
孔洞	构件混凝土存在最大直径和深度超过保护层厚度的空穴缺陷	对构件各个面目测，在孔洞部位做出标志，用尺量测
夹渣	构件混凝土存在深度超过保护层厚度的杂物缺陷	对构件各个面目测，在缺陷部位做出标志，用尺量测
疏松	构件混凝土表层存在深度不超过保护层厚度的局部不密实缺陷	对构件各个面目测，在缺陷部位做出标志，用尺量测
裂缝	构件存在直观可见伸入混凝土内的缝隙	对构件各个面目测，在裂缝部位做出标志，用尺量测其长度，并记录裂缝的所在部位、方向、长度及物征
连接部位缺陷	在构件安装中，构件与构件、构件与结构等连接部位的混凝土、预埋预留存在的影响后续连接质量的缺陷	对构件连接部位目测，在缺陷部位做出标志，用尺量测
外形缺陷	在构件边角处存在局部混凝土或装饰层劈裂、脱落或形成环状裂缝等缺陷	对构件各个面目测，在缺陷部位做出标志，用尺量测并计算其面积，或用百格网量测
外表缺陷	构件混凝土内部密实，而在局部表面形成缺浆、起砂、粗糙、粘皮等缺陷	全面目测，对缺陷部位的表面用尺量测计算其面积并加以累计，求一件构件缺陷总面积

　　预制构件尺寸偏差及预留孔、预留洞、预埋件、预留插筋、键槽的位置和检验方法应符合表6-8、表6-9的规定。预制构件有粗糙面时，与其相关的尺寸允许偏差可放宽1.5倍。受力钢筋保护层厚度、灌浆套筒中心线位置、套筒连接钢筋中心线位置、连接用螺栓（孔）中心线位置等的合格点率应达到90%及以上，且不得有超过表中数值1.5倍的尺寸偏差。

　　检验数量为全数检验，在脱模、清理、码放过程中逐项进行检验。需实测实量记录，且要求每天按生产数量的5%且不少于3件填写。

　　对不符合质量标准但允许修理的项目，经技术负责人同意后可修理并重新检验。符合以下要求的构件可定为合格品：隐、预检符合设计、规范要求；经检验允许偏差符合规范要求。

表6-8　预制墙板类构件外形尺寸允许偏差及检验方法

项次	检查项目		允许偏差/mm	检验方法
1	宽度、高度		±3	用尺量两端及中间部位，取其中偏差绝对值较大值
2	厚度		±2	用尺量板四角和四边中部位置共8处，取其中偏差绝对值较大值
3	对角线差		5	在构件表面，用尺量测两对角线的长度，取其绝对值的差值
4	门窗口	位置偏移	3	用尺由构成预留门窗洞口相垂直两侧模的各两个端部，分别垂直量至墙体侧模，每个侧模的两个读数的差值即为该侧模的位置偏移，记录其中较大差值，作为门窗口位置偏移
		规格尺寸	±4	用尺量测
		对角线差	4	用尺量测

续表

项次	检查项目		允许偏差/mm	检验方法
5	外形	表面平整度 清水面	2	将2m靠尺安放在构件表面上,用楔形塞尺量测靠尺与表面之间的最大缝隙
		表面平整度 非清水面	3	
6		侧向弯曲	L/1000且≤5	拉线,钢尺量最大弯曲处
7		扭翘	L/1000且≤5	四对角拉两条线,量测两线交点之间的距离,其值的2倍为扭翘值
8	预埋部件	预埋钢板、木砖 中心线位置偏移	5	用尺量测纵横两个方向的中心线位置,记录其中较大值
		预埋钢板、木砖 平面高差	0,-5	用尺紧靠在预埋件上,用楔形塞尺量测预埋件平面与混凝土面的最大缝隙
9		预埋螺栓 中心线位置偏移	2	用尺量测纵横两个方向的中心线位置,记录其中较大值
		预埋螺栓 外露长度	+10,-5	用尺量测
10		预埋螺母、套筒 中心线位置偏移	2	用尺量测纵横两个方向的中心线位置,记录其中较大值
		预埋螺母、套筒 平面高差	0,-5	用尺紧靠在预埋件上,用楔形塞尺量测预埋件平面与混凝土面的最大缝隙
11		预埋线盒、电盒 在构件平面的水平方向中心位置偏差	10	用尺量测
		预埋线盒、电盒 与构件表面混凝土高差	0,-5	用尺量测
12	预留孔	中心线位置偏移	5	用尺量测纵横两个方向的中心线位置,记录其中较大值
		孔尺寸	±5	用尺量测纵横两个方向尺寸,取其最大值
13	预留洞	中心线位置偏移	5	用尺量测纵横两个方向的中心线位置,取其中较大值
		洞口尺寸、深度	±5	用尺量测纵横两个方向尺寸,取其最大值
14	预留插筋	中心线位置偏移	3	用尺量测纵横两个方向的中心线位置,取其中较大值
		外露长度	±5	用尺量测
15	吊环、吊钉	中心线位置偏移	10	用尺量测纵横两个方向的中心线位置,取其中较大值
		与构件表面混凝土高差	0,-10	用尺量测
16	键槽	中心线位置偏移	5	用尺量测纵横两个方向的中心线位置,取其中较大值
		长度、宽度	±5	用尺量测
		深度	±5	用尺量测
17	灌浆套筒及连接钢筋	灌浆套筒中心线位置	2	用尺量测纵横两个方向的中心线位置,取其中较大值
		连接钢筋中心线位置	2	用尺量测纵横两个方向的中心线位置,取其中较大值
		连接钢筋外露长度	+10,0	用尺量测
18		主筋保护层	+5,-3	保护层测定仪量测

表6-9 预制板类构件外形尺寸允许偏差及检验方法

项次	检查项目			允许偏差/mm	检验方法
1	长度、宽度		≤6m	±3	用尺量两端及中间部位，取其中偏差绝对值较大值
			>6m 且 ≤12m	±5	
			> 12m 且≤ 18m	±8	
			>18m	10	
2	厚度			±3	用尺量板四角和四边中部位置共8处，取其中偏差绝对值较大值
3	对角线差			5	在构件表面，用尺量测两对角线的长度，取其绝对值的差值
4	外形	表面平整度	清水面	2	用2m靠尺安放在构件表面上，用楔形塞尺量测靠尺与表面之间的最大缝隙
			非清水面	3	
5		侧向弯曲		$L/1000$ 且 ≤8mm	拉线，钢尺量最大弯曲处
6		扭翘		$L/1000$ 且 ≤10mm	四对角拉两条线，量测两线交点之间的距离，其值的2倍为扭翘值
7	预埋部件	预埋钢板、木砖	中心线位置偏移	5	用尺量测纵横两个方向的中心线位置，取其中较大值
			平面高差	0，-5	用尺紧靠在预埋件上，用楔形塞尺量测预埋件平面与混凝土面的最大缝隙
8		预埋螺栓	中心线位置偏移	2	用尺量测纵横两个方向的中心线位置，取其中较大值
			外露长度	+10，-5	用尺量测
9		预埋线盒、电盒	在构件平面的水平方向中心位置偏差	10	用尺量测
			与构件表面混凝土高差	0，-5	用尺量测
10	预留孔	中心线位置偏移		5	用尺量测纵横两个方向的中心线位置，取其中较大值
		孔尺寸		±5	用尺量测纵横两个方向尺寸，取其较大值
11	预留洞	中心线位置偏移		5	用尺量测纵横两个方向的中心线位置，取其中较大值
		洞口尺寸、深度		±5	用尺量测纵横两个方向尺寸，取其较大值
12	预留插筋	中心线位置偏移		3	用尺量测纵横两个方向的中心线位置，取其中较大值
		外露长度		±5	用尺量测
13	吊环、吊钉	中心线位置偏移		10	用尺量测纵横两个方向的中心线位置，取其中较大值
		留出高度		0，-10	用尺量测
14	桁架钢筋高度			+3，0	用尺量测
15	主筋保护层			+5，-3	保护层测定仪量测

质量检验合格后填写"预制墙板类/板类构件质量检验记录"(见配套资源),并开具"预制混凝土构件出厂合格证"。

【任务评价】

班级		姓名		学号	
考核项目	考核内容		评分等级(A、B、C)		
构件成品质量检验	外观检查				
	构件长度、宽度(高度)偏差检验				
	表面平整度检查				
	预留插筋检验				
	质量评定				

任务五　存放及防护检验

检验要求如下:

① 预制构件堆放场地应硬化处理,并有排水措施。

② 构件成品应按合格区、待修区和不合格区分类堆放,并应对各区域进行醒目标识。

③ 预制构件堆放时受力状态宜与构件实际使用时受力状态保持一致,否则应进行设计验算。

④ 预应力构件堆放应根据预制构件起拱值的大小和堆放时间采取相应措施。

⑤ 预制构件应根据其形状选择合理的堆放形式。立放时,宜采取对称立放,构件与地面倾斜角度宜大于80°,堆放架应有足够的承载力和稳定性,相邻堆放架宜连成整体;平放时,搁置点一般可选择在构件起吊点位置或经验算确定弯矩最小部位,每层构件间的垫块应处于同一垂直线上,堆垛层数应根据构件自身荷载、地基、垫木或垫块的承载能力及堆垛的稳定性确定,且不宜多于6层。

⑥ 垫块宜采用木质或硬塑胶材料,避免造成构件外观损伤。对于连接止水条、高低口、墙体转角等薄弱部位,应采用定型保护垫块或专用套件做加强保护。

> **知识拓展**
>
> ### 构件其他环节的验收
>
> **1.首件验收**
>
> 各个类型构件生产出的第一件构件,应当做首件验收工作。首件验收可分为厂内首件验收与厂外首件验收。
>
> 厂内首件验收即构件厂内部对生产的第一件构件进行验收,从技术质量角度有一个判定。如存在问题,应及时总结,后续生产当中避免问题再次发生。如果检查判定合格,还应当通知建设单位,由建设单位组织相关总包、监理、设计单位,对首件进

行验收，当五方均认定合格后，构件方可批量生产。厂外首件验收，应在五方检验合格后，填写验收记录表，允许构件进行批量生产。

首件验收是一个重要的程序，它是构件在整个生产过程中的工艺、产品质量的最终体现。

2. 驻厂监理监督检查与验收

工程开始前，应根据地方法律法规的要求，编制预制构件生产方案，明确技术质量保证措施，并经企业技术负责人审批后实施，最终提交监理单位进行审核。同意进厂的原材料应有30%经监理见证检查进行复试，复试合格后的原材料方可用于生产过程中，监理对全过程进行监督检查。对于隐蔽环节，由监理签字确认后，方可进行混凝土浇筑。

成品构件验收合格后，应对检查合格的预制混凝土构件进行标记，标记内容包括工程名称、构件型号、生产日期、生产单位、合格标识、监理签章等，标记不全的构件不得出厂。其中监理签章由驻厂监理确认后，在构件表面加盖签章标识。

二维码23　构件成品质量检验及存放防护检验

【项目测试】

一、单项选择题

1. 预制构件中预埋门窗框时，门窗框位置允许偏差是（　　）mm。
   A. 3　　　　　　　　　　　　　B. 2
   C. 2.5　　　　　　　　　　　　D. 1.5

2. 模具在验收时，除了外形尺寸和平整度外，还应重点检查模具的（　　）和定位系统。
   A. 整齐　　　　　　　　　　　　B. 连接
   C. 清洁　　　　　　　　　　　　D. 牢固

3. 浇筑混凝土前应进行（　　）的检查与验收。
   A. 模板工程　　　　　　　　　　B. 钢筋工程
   C. 预埋件工程　　　　　　　　　D. 隐蔽项目

4. 在预制构件外观质量检查中，发现钢筋未被混凝土完全包裹而外露，这种缺陷属于（　　）。
   A. 孔洞　　　　　　　　　　　　B. 露筋
   C. 蜂窝　　　　　　　　　　　　D. 夹渣

5. 预制墙板高度允许偏差为（　　　）mm。

    A. ±1　　　　　　　　　　　　B. ±2

    C. ±3　　　　　　　　　　　　D. ±4

二、多项选择题

1. 模具的验收主要依据是（　　　）。

    A. 图纸　　　　　　　　　　　　B. 检验标准

    C. 验收规范　　　　　　　　　　D. 验收章程

2. 预制构件在出厂前应进行成品质量验收，其检查项目包括（　　　）。

    A. 预制构件的外观质量　　　　　B. 预制构件的外形尺寸

    C. 预埋件　　　　　　　　　　　D. 预制构件的外装饰和门窗框

3. 预制墙板的混凝土浇筑前各项工作检查包括（　　　），并做好隐蔽工程记录。

    A. 模具

    B. 钢筋、钢筋网

    C. 连接套管、连接件

    D. 预埋件、吊具

    E. 预留孔洞、混凝土保护层厚度

4. 模具安装质量检验时，用作底模的模台应（　　　）。

    A. 平整光洁　　　　　　　B. 不得下沉　　　　　C. 无裂缝

    D. 无起砂　　　　　　　　E. 无起鼓

5. 对出场构件依次进行（　　　）检查。

    A. 尺寸测量检测

    B. 平整度检测

    C. 外观质量检测

    D. 构件强度检测

    E. 构件生产信息检测

三、简答题

简述预制构件隐蔽工程验收的内容。

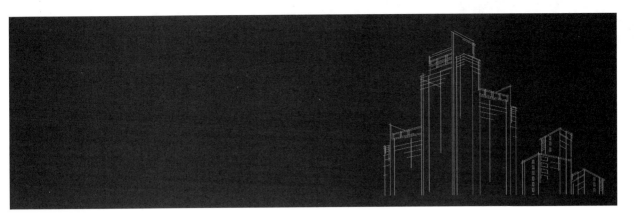

参考文献

[1] 孙磊, 刘雅雅.装配式建筑预制混凝土构件生产成本控制的研究[J].北方建筑，2019,4(2):79-81.

[2] 混凝土物理力学性能试验方法标准.GB/T 50081—2019.

[3] 装配式混凝土建筑技术标准.GB/T 51231—2016.

[4] 装配式混凝土结构技术规程. JGJ 1—2014.

[5] 王炎,吴玉龙,吴冰,等.预制叠合板桁架钢筋高度及板面粗糙度的检测方法研究[J].建筑安全. 2021,36(08).

[6] 刘志明, 雷春梅.装配式构件生产线和生产工艺研究[J].混凝土与水泥制品，2018(3):76-78.

[7] 方爱斌. 预制构件厂厂区规划及生产线工艺布局建设[J].建筑施工，2018,40(12):2199-2201.

[8] 混凝土质量控制标准.GB 50164—2011.

[9] 预制混凝土剪力墙外墙板.15G365-1.

[10] 预制混凝土剪力墙内墙板.15G365-2.

[11] 桁架钢筋混凝土叠合板（60mm厚底板）.15G366-1.

[12] 预制钢筋混凝土板式楼梯.15G367-1.

[13] 冷轧带肋钢筋.GB/T 13788—2017.

[14] 钢筋焊接及验收规程.JGJ 18—2012.

[15] 混凝土结构工程施工质量验收规范.GB 50204—2015.

[16] 钢筋套筒灌浆连接应用技术规程.JGJ 355—2015.

[17] 混凝土结构设计规范（2015年版）.GB 50010—2010.

[18] 混凝土强度检验评定标准.GB/T 50107—2010.

[19] 装配式混凝土结构工程施工与质量验收规程.DB11/T 1030—2021.

[20] 预制混凝土构件质量检验标准.DB11/T 968—2021.

[21] 肖明和, 苏洁.装配式建筑混凝土构件生产.北京：中国建筑工业出版社，2018.

[22] 张振明,王善库.浅谈装配式建筑工程技术和发展趋势.四川建材,2021,47(04):34-35.

[23] 黄直久.混凝土脱模剂的选择.山西建筑,1993(02):5,21-22.

[24] 王炎,吴玉龙,吴冰,等.预制叠合板桁架钢筋高度及板面粗糙度的检测方法研究.建筑安全，2021,36(08):74-79.

[25] 付建国,戴公强,王宁宁,等.常州地铁2号线高架区间清水混凝土墩柱施工技术探究.混凝土，2018(11):90-93, 101.

[26] 郭鹏.建筑外墙节能保温材料及其检测技术分析.四川水泥，2021(07):81-82.

[27] 曹海山.金属拉结件在预制混凝土夹心保温外墙板中的应用.城市住宅，2021,28(07):118-120.

[28] 吴班.装配式住宅中预制楼梯的生产质量控制.山西建筑，2017,43(35):199-200.

[29] 张霞.装配式混凝土结构质量控制及监管研究.施工技术，2016,45(17):137-140.

[30] 郭毓.预制混凝土构件生产过程质量评价研究.重庆：重庆大学,2018.